Torbjörn Redlén

GODNATT JORD

Människan, miljön och klimatet

En faktabaserad och personlig berättelse över den moderna människans undergång

Illustration: Torbjörn Redlén
Korrekturläsning: C Redlén

Förlag: BoD – Books on Demand, Stockholm, Sverige
Tryck: BoD – Books on Demand, Norderstedt, Tyskland

ISBN: 978-91-7969-918-5

Innehållsförteckning

Inledning

Jag mötte Nemo innan den lilla fisken fått sitt namn. Nemo är för de flesta en clownfisk från en av Disneys animerade filmer men för mig var han verklig. För drygt 20 år sedan tillbringade jag ett par veckor på ön Phuket i Thailand. Som turist i det så kallade paradiset som jag tyckte var väl varmt och fuktigt som paradis var i stort sett dagarna rätt lika. En frukost på morgonen och sedan ligga vid stranden och bada i havet när det blev för varmt. En skön tillvaro men kanske lite väl stillsam. För att komma ut på havet och få lite mer svalka och uppleva några av småöarna bokade vi en snorkeltur. Den tog ut oss till en av de mindre öarna där vi gick iland bokstavligen på ett korallrev. Från stranden kunde vi turister sedan snorkla i vattnet som var ett mindre korallrev med många vackra fiskar. När jag simmat runt en tid och tyckte jag mest såg andra turister än fiskar så var det en av guiderna som kallade på mig. Han låg och guppade vid de boj-markeringar som talade om hur långt ut vi fick simma. Han ville visa något som fanns utanför området och jag hängde på. Han dök ner till botten och pekade på en anemon där man även kunde se några clownfiskar simma runt. Som landkrabba med i stort sett endast simborgarmärket i bagaget tog jag mod i mig och dök även ner för att se de lekfulla fiskarna. Det var nästan som en uppenbarelse för mig att uppleva detta i verkligheten. Det var väldigt långt ifrån de abborrar jag sett i den insjö jag växte upp vid. Guiden visade mig även flera andra vackra fiskar, anemoner och koraller. Det var så mycket häftigare än jag kunnat föreställa mig. Efter en tid blev vi inropade till stranden igen och då hade det hunnit bli ebb. Redan då och på plats kunde jag uppleva den tveksamhet det många gånger är att vara människa. För att ta sig in till stranden valde en del av de andra turisterna att gå på korallerna. Kontrasten att nyligen sett "Nemo" i sin orörda värld till att vi människor trampar ner livsbetingelserna för alla de vackra djur och växter som finns bara för att vi kan var redan då tankeväckande. Jag valde att försöka simma in till land vilket gav ett uppskrapat knä av de vassa korallerna men mindre dåligt samvete. Efter den snorkelutflykten där och då bestämde jag mig för en sak. Jag ska uppleva detta fler gånger och även komma närmare denna fantastiskt vackra värld. Jag ska ta dykcertifikat! Att jag i och med det beslutet blev en ännu större del av förstörelsen av världens korallrev ville jag nog inte kännas vid då.

Vem är jag?

Varför sätter man sig ner och skriver en bok om något så dystert som den möjliga och för min inre bild, troliga undergången för oss som nutida människor och som en följd, även undergången för vår planet som vi känner den? Kanske ålderdomens vishet eller som min läggning är, en krass uppfattning om livet. Det kan vara den första anledningen som är den mest träffande eftersom jag nu levt ett drygt halvt sekel och sett saker förändras i en takt som aldrig någonsin skett tidigare. Både tekniskt, miljö- och klimatmässigt. Rent professionellt har jag jobbat i det privata näringslivet under ett antal år som bland annat miljö- och kvalitetschef. Dessförinnan i mina yngre år ägnade jag tiotals år åt lokalpolitik. Jag har alltid haft ett samhällsintresse och dessutom en stor nyfikenhet på både natur och teknik. Alla dessa år har färgat mig som person och även inneburit ett uppvaknande i det medelklassliv i västvärlden som alltid funnits som trygghet. Jag föddes vid en tidpunkt som var bara 15 år efter mänskligheten upplevt det andra världskriget. Framtidstron var otroligt stark och teknologiskt skapade vi ett allt mer komplicerat men även rikt samhälle i många länder. Drivkraften var den lättillgängliga fossila energin. Man kunde gräva där man stod bildligt talat. Genom att den fossila energin inte krävde så mycket energi att få fram som tidigare, kunde man lägga energi på att utveckla tekniken. Färre behövde därmed jobba fysiskt och istället lät vi maskinerna göra jobbet. För en grabb som växte upp på den svenska landsbygden levde man i ett paradigmskifte. Mina farföräldrar bodde kvar på gården i ett så kallat "undantag" och hade tidigare drivit gården med hästkrafter i verklig mening. Min far tog över gården i början på 60-talet och gjorde av med de verkliga hästkrafterna i hästarna och skaffade traktor istället. Inget som varit möjligt om vi inte haft en stark teknologisk utveckling där man kunde tillverka maskiner billigare tack vare fossil energi och även driva dem med det samma.

Källa: Från familjealbumet. Jag och min trogne följeslagare i schäfern Athos i mitten av 60-talet.

Jag tycker det är lätt att förstå den utveckling som skett under ett halvt sekel när jag studerar jordbrukets förändring. På 60-talet var det ca 15 % som jobbade i jordbruksnäringen och idag är det ca 3 %.[1] En minskning till en femtedel

[1] Ekonomifakta – Strukturförändringar i sysselsättningen

men med bibehållen produktivitet. Tack vare den fossila energin behöver inte en stor andel av befolkningen ägna sig åt att jobba för brödfödan. De övertaliga flyttade in till städerna som efterfrågade arbetskraft i industrier och i den växande tjänstesektorn. Jag var en av dem som gjorde samma resa och lämnade tradition och värv som funnits i släkten i flera generationer. Jordbruket som en gång i tiden kunde försörja mer än en generation samtidigt ingår nu i en större enhet där de fåtal hektar åkermark som ingick bara är en pusselbit i något mycket större. Stallarna har stått tomma i många år nu för en rationell djurhållning kräver helt andra lokaler. Det som finns kvar är möjligheten att fortfarande bo på landet om det inte är för långt till jobb, skola och affärer. Så snurrar maskineriet vidare och fokus är mot något annat än det som hållit oss vakna om nätterna i tusentals år, att finna föda för dagen och för morgondagen. Jag själv sörjer inte den utvecklingen i sig men blir frågande kring hur rationella vi är när vi isolerar oss från den viktigaste sysslan för alla levande organismer, att finna föda. I stort sett finns det nästan inga som vet hur man ska försörja sig själv genom att odla eller jaga. Vi är helt beroende av att en ytterst liten andel människor kan försörja flertalet och klarar av att göra det dag efter dag. Samt att ha tillgång till billig energi för att produktionen ska vara tillräckligt effektiv och så billig som möjligt. Den här förändringen som skett från min barndom till nutid på ungefär 50 år ser jag som en pusselbit i den stora berättelsen på vår väg från en fattig värld till en rikare och till den oundvikliga urspårningen, vilket redan har skett enligt min uppfattning. Boken kommer ta oss igenom olika delar av de senaste 50 årens förändringar i ett antal valda områden där miljö och klimat är fokus men framför allt i att vara människa och de inbyggda brister vi har som ger slutresultatet.

Syftet med boken och titel

En rubrik som uppmärksammar är ofta ett avsiktligt val men kan även vara något djupare för både författaren och läsaren. Valet av titel i Godnatt Jord är egentligen en travestering på Ivar Lo-Johanssons bok Godnatt, jord. En skildring av statarlivet kring 1920-talet och som anknyter till min uppväxt som lantbrukarson och mina farföräldrars uppväxt i det tidiga 1900-talet. En tidsepok kring början på industrialiseringen som sedan tog språng mot vårt moderna samhälle. Titeln ska tolkas bokstavligen eftersom jag anser och kommer i boken beskriva vår fatala väg som mänsklighet. Vägen till den framtid då det är slut med vår moderna civilisation och med vår planet som den blå och gröna planet den en gång var. Undertiteln anknyter till vad boken handlar om och ska ses som en parts- och debattinlaga som ifrågasätter de experter, valda eller självutnämnda som gång på gång tar upp farorna kring vårt sätt att påverka planeten. Men i de flesta fall alltid hävdar att det finns lösningar och att vi kommer lyckas vända den miljö- och klimatkris vi är mitt i. Jag har läst flertal böcker de senaste åren om klimatkrisen och den globala uppvärmningen men alla böcker tycker jag har en brist. Skribenterna klämmer oftast in en lösning i slutet av boken på hur vi ska ta oss ur den uppkomna klimat/miljö-krisen. Om man läst 90 % av en bok som berättar vilket håll vi är på väg och och i resterande lilla del av skriften/boken beskriver lösningen eller hoppet så blir definitivt inte jag övertygad. Angreppssättet borde vara omvänt eftersom en eventuell lösning som borde bestå i många samordnade dellösningar, kräver så mycket av mänskligheten så det dåligt ryms i en enda bok. Därav mitt inlägg i debatten i att försöka förklara vår resa till nutid och den kris vi står framför och varför vi inte kommer lyckas med det som de flesta hoppas på. Det är inte någon dystopi det handlar om utan en personlig och faktabaserad beskrivning i varför vi nått vägs ände i vår moderna livsföring. Det innebär inte att mänskligheten kommer gå under, utan istället om den största förändring som mänskligheten hittills upplevt och allt på grund av oss själva. Då kanske du som läsare tänker redan nu att det blir en dyster läsning att ta sig igenom, vilket kan stämma på sätt och vis. Men jag tänker försöka vara både lite underhållande och ge dig som läsare ett antal aha-upplevelser på vägen genom boken. Helt enkelt en sammanfattning av de senaste decenniernas miljö- och klimatutveckling och människans fatala bidrag till detta. Att det inte som i detta flesta filmer och böcker finns ett "happy end" är för att det enligt men mening inte gör det i verkligheten. Verkligheten är ingen tillrättalagd historia utan konsekvensen av ett antal miljarder människors alla små beslut. Så små i sitt sammanhang att vi inte ser vart vi är på väg och den riktigt stora frågan så stor att ingen enskild kan lösa den. Därmed fortsätter vi på den inslagna vägen och boken kommer ta dig som läsare till den sannolika framtiden för de som lever vid denna odefinierade tidpunkt. Jag själv är för gammal för att uppleva när det är Godnatt Jord som vi säkert kommer nå redan om några decennier eller närmsta sekel. Men jag har sakta vaknat upp och förstått att de senaste 50 åren av mitt liv varit en unik resa för mig, mina närmsta och för alla övriga på den gröna och blå planeten. En resa som gett fantastiska landvinningar, exceptionell välfärd och inga stora krig. Resan har kostat för klimat och miljö utan att vi som mänsklighet betalat priset. Därmed kommer snart benen sparkas undan för vår egen existens som nutida individer är min absoluta uppfattning. Boken är uppdelad i tre block i klimat, miljö och människa där du som läsare först möter en mer faktainriktad del. Därefter kommer vi in i de mer mjuka områdena kring människan som individ och varelse. Du är välkommen att följa mig genom min uppväxt och fram till nutid och den sannolika framtid vi kommer möta med denna tredelade berättelse!

KLIMATET

Foto: Torbjörn Redlén

Den fantastiska fossila energin!

För att förstå orsaken till den uppkomna klimatkrisen behöver vi gräva ner oss i källan som består av energi som är fossil. Det är ingen överdrift att om vi inte börjat använda den fossila energin i alla dess gamla och moderna former som brunkol, olja och gas hade vi inte levt ett modernt liv någonstans i världen. Jag tror inte många inser dess totala påverkan i det samhälle som vi i Sverige lever i och många miljarder andra människor runt om i världen. Det går hyfsat lätt sätta en tidslinje där vi genom att använda fossil energi lämnade alla föregående generationers mödor i raketfart bakom oss. Den mer exakta tidsperioden är slutet av 1700-talet.[2] Före hade utvecklingen gått i en sådan långsam takt jämfört med efter så en modern människa hade trott att tiden stod stilla och det kanske i hela sin levnad. Oftast skedde inte några förändringar att tala om på flera generationer. Nu dopar vi oss själva i ett ständigt flöde av händelser varje dag och minut. En medeltidsmänniska var ett under av tålmodighet jämfört med oss som lever i nutid. Jag tänkte i detta kapitel berätta om den fossila energins uppkomst och fortsätta med när människan fann användning av den samt vägen fram till dagens som jag vill se det, missbruk av den ändliga energin.

---

2 Antropocen - Wikipedia

Ursprunget

Om man är vän av förståelse så kan det vara svårt att greppa vad fossil energi egentligen är och varför man måste gräva eller borra för att få tag på det. Vi behöver gå många miljoner år tillbaka i tiden för att finna ursprunget till vår mest använda energi. Så långt att inte ens embryot till oss som människoapor fanns som en tanke på vår runda jord. Planeten och någon form av liv på den har funnits i miljarder år vilket i sig är svårt att greppa. Tidsrymden kan förklara varför det finns så stora tillgångar av fossil energi men tanken kring det ger mig lite svindel. Under årmiljonerna lever många typer av djur och växter i hav och på land, dör eller vissnar och samlas som t ex på botten av haven där det efterhand kapslas in. Den ständiga förflyttningen av de tektoniska plattorna pressar ihop dessa ansamlingar av dött material som i stora delar består av kol. Att det består av kol och kolväten är för att växter och djur innehåller stora delar av dessa ämnen inklusive oss människor. Under tidens gång blir dessa samlingar fickor i berggrunden där det biologiska livet omvandlats till det som vi kallar råolja samt naturgas som mest består av metangas.[3] Brunkol har en lite annan väg till vad det är när vi bryter det. Det har i första hand bildats av landlevande växter och uppstod för ca 300-350 miljoner år sedan vilket är samtida med uppkomsten av olja och gas. Det som skett under dessa miljoner år är att kol har bundits till urberg och minskat det fria kolet i hav och luft. En så kallad kolsänka som naturligt skett utan människans

[3] Fossil energi - Wikipedia

påverkan. Om denna naturliga process inte funnits hade vi haft en planet som innehållit en mycket högre halt koldioxid i atmosfären och i stort sett gjort planeten obeboelig för allt landlevande. Genom att pumpa upp och bryta detta fossila kol som vid förbränning bland annat utvecklar koldioxid har vi öppnat ”Pandoras ask”. Som ett stickspår var Pandora tillhörig den grekiska mytologin och gifte sig med Zeus. Hon hade fått en present av maken som hon blivit tillsagd av en vän i Prometheus att aldrig öppna. Nyfiken som hon var så öppnade hon asken en dag och all olycka och sjukdomar flög ut. Det enda som fanns kvar i botten av asken var hoppet. En lämplig liknelse när vi nu tar oss igenom den största orsaken till mänsklighetens största kris någonsin. I siffror har under årmiljonerna kol och den problematiska gasen koldioxid bundits upp i urberget i mängder som inte ens går att riktigt beräkna. Omvänt har vi funnit grundämnet kol i form av olja, kol och gas i mängder som är långt ifrån allt som bundits. Vi vet inte ens om vi funnit hälften av alla tillgångar. Det har egentligen inte så stor betydelse för var vi hunnit göra under den period från att vi började bryta fossil energi, är att vi även omvandlat denna energi till andra ämnen som koldioxid, svaveldioxider och kvävedioxider.

Resan

Om vi blickar bakåt kan vi se hur vi exponentiellt utvunnit och förbränt dessa kolväten i första hand till energi under det senaste halvseklet.

Källa: British Petroleum

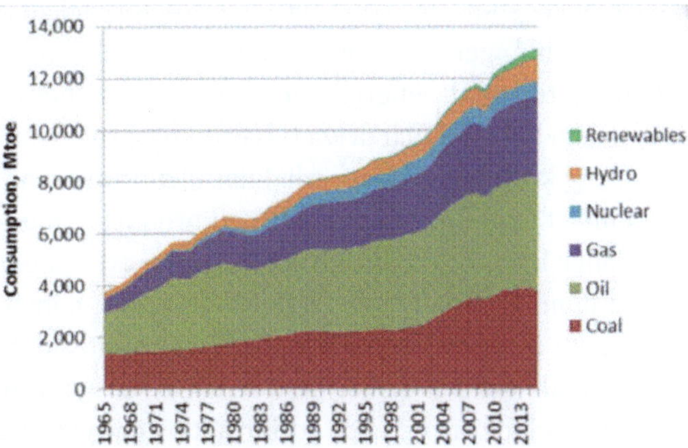

Utvinningen och konsumtionen av fossil energi som i tabellen är Coal, Oil och Gas har på 50 år tredubblats. Därmed har vi ökat utsläppen av koldioxid lika många gånger om vi utgår ifrån att allt förbränns i slutänden även om det blivit produkter från början som plast. I en förbränning kan man plocka bort en del av de icke önskvärda gaserna och partiklarna men aldrig koldioxid! Med dagens kunskap inser vi det vanskliga med att börja använda en energiform som tillför mer koldioxid än vad planeten kan ta upp. Den kunskapen fanns inte alls för flera hundra år sedan vilket är förståeligt men en väg framåt som leder oss till dagens klimatkris. En kris som vi troligtvis inte kommer att ta oss ur lättvindigt, om ens. Sorgligt så men vägen fram till dagen har kantats med fantastiska landvinningar för mänskligheten tack vare fossil energi. Att ersätta mänsklig kraft samt kraft från djur som hästar och bufflar, samt de naturkrafter man kunde ta tillvara som vatten och vind var ett revolutionärt steg i den moderna människans utveckling. Ersättningen bestod i början mest av kol som var i stort sett en färdigförpackad energikälla. Uppfinningen av ångmaskinen som kunde omvandla fossil energi till rörelseenergi gjorde att vi kunde börja resa snabbare och billigare och driva tillverkningsprocesser utan att mänsklig kraft behövde tas till. Eller öka processens hastighet jämfört med tidigare och därmed producera mer eller fortare, eller både och. Förändringen gjorde att människan för alltid lämnade ett liv som styrdes av väder, klimat och årstider som innebar att man jobbade så mycket det gick när man kunde och vilade när årstiden inte var gynnsam. Vi blev styrda av klockan och fick ett inrutat liv där vi förväntades jobba frikopplade till den natur vi tillhört sedan vi vandrade på Afrikas savann. En vandring in i ett modernt liv som vi inte verkar ha något större intresse av att ta oss ur. En total utfasning av de tidigare energikällorna till fossil energi i form av olja, gas och kol hade aldrig varit möjlig om tillgångarna varit begränsade. Efterhand som behovet ökade fann man mer och den mest koncentrerade formen av då olja och gas vara bara precis under fötterna på oss. Otroliga mängder kunde pumpas upp med en väldigt liten ekonomisk insats. Oljan flödade bokstavligen och några större nackdelar kunde inte ses. Om det fanns nackdelar så var de i början mer kopplade till vad kol och brunkol kunde framkalla i dålig luftmiljö. Londons smog och andra storstäders var ett uttryck av den moderna tidens möjligheter att värma bostäderna med kol och koks samt industriernas behov av energi. Tysklands Ruhrområde som består av ett kluster av städer som Köln, Dortmund och Düsseldorf hade stora tillgångar av stenkol och därmed fanns det förutsättningar för industriproduktion i stor skala. När man fasade ut stenkolen i t ex. London eller i Tyskland till förmån för olja och gas så trodde man att miljön var räddad för både människan och naturen. Tyvärr var det bara ytterligare ett steg i fel riktning. Oljan i sig är en fantastisk råvara som går att processa till många olika typer av energi som bensin, diesel, fotogen samt olika typer av polymerer som plast. Den har varit så pass flexibel att man kunnat utnyttja den till många olika sammanhang som drivning av fordon med diesel eller bensin, flygplan med fotogen, båtar med tjockolja, smörjolja för olika typer av motorer eller maskiner. I alla dessa sammanhang är den röda tråden att oljan används i allra största grad för förbränning för att skapa energi. Så i slutänden innebär varje liter olja som tas upp från olika källor detsamma som att 2,5 kg koldioxid släpps ut i atmosfären. Ungefär samma förhållande gäller även de andra fossila energierna som gas och kol. Sedan vi började plocka upp fossil energi från underjorden har vi omvandlat detta till åtråvärd energi för våra behov men samtidigt vid förbränning omvandlat en stor del av råvaran till koldioxid. Vad är det för anledning att höja ögonbrynen för en helt ofarlig gas som koldioxid egentligen.

Det var ju förträffligt att det inte var en gas som var livsfarlig för oss alla kan man tänka att man tänkte en gång. Det är kanske orsaken till att det tagit så lång tid att förstå kopplingen mellan fossil förbränning och vad koldioxiden som utsläppt gas i atmosfären kan innebära. Ett generalfel i vårt mänskliga tänkande är nog även omfattningen av den här processen att omvandla energi. Om vi ser till oss själva så tankar vi vår bil och kör bara de mil vi behöver. Fast kanske lite mer eftersom vi har möjligheten. Dit bilen inte går får vi ta flyg som till vårt "grannland" Thailand. Vid de tillfällena behöver vi inte ens tanka mer än etanolen i miniflaskorna man får på flyget i form av en god konjak till kaffet. Utsläppen märks inte ens för de hamnar 10 000 meter upp i atmosfären och vi klimatkompenserade resan genom att sätta in en hundralapp extra till charterbolaget. Då bör inget ha släppts ut och flygplanet gått på luft och inte bara flugit i luft kan man inbilla sig. Aningslöshet är förnamnet! Alla andra mänskliga processer kräver också energi som att surfa på internet eller köpa en möbel, trots att du behöver bygga ihop den själv. Vi kommer hela tiden på fler sätt att använda energi på vilket gör det svårt att se att vi kommer minska behovet av fossil energi. En benämning som används för att förklara olika energiers intresse är energitäthet. Du har säkert själv upplevt skillnaden i att elda upp lite löv jämfört med att få fart på en kolgrill. Ursprunget kan faktiskt vara detsamma i att kolet en gång i tiden varit löv. Vad är det då som gör att kolet verkar vara intressantare att använda vid grillning än löv. Som jag beskrev tidigare har organiskt material som löv pressats samma under årmiljonerna till en annan form som innehåller mer energi per volymenhet och även viktenhet. Det fascinerande i sammanhanget är att grilla med löv är varken lätt eller effektivt men att driva grillen med kol eller naturgas (gasol) som fortfarande har ursprunget i trädens löv är så mycket smidigare. Arbetsinsatsen för att samla in löv och sedan elda för att få din goda grillkorv är även så mycket större än att kommersiellt utvinna kol eller naturgas. Bara det faktum att transportera olja, gas och i viss mån kol är så mycket enklare och billigare gör skillnad. De länder som inte har tillgångar av olja, gas, kol som t ex. Sverige skulle fortsatt få leva ett liv som delar av utvecklingsländerna gör fortfarande eller som vi gjorde hundratals år tillbaka i tiden. Den moderna fossila energin har aldrig haft några ”gränshinder” utan har kunnat nå alla delar av planeten redan från start. Det faktum har inneburit att vi under de senaste hundra åren inte blivit tvungna att utveckla andra typer av energikällor utan kunnat förlita oss på oljan och gasen i första hand, från Arktis till Antarktis och Hawaii till Elfenbenskusten.

Olja

Energitätheten för en liter olja motsvarar 24 ton organiskt material i form av växt- och djurdelar som koncentrerats under årmiljonerna.[4] Jämförelsen med att grilla med löv versus olja eller motsvarande ger en bättre bild om man sätter

4 Fartrusiga – Björn Forsberg

dessa siffror under lupp. Hur skulle vi klara att driva våra fordon med 24 ton organiskt material när fordonet behöver denna volym/vikt varje mil man kör. Hävstångseffekten från att mata några hästar med hö för att få ut några hästkrafter mot att tillföra endast en liter olja för att få ut kraft är hissnande. Om inte den fossila energin upptäckts och börjat användas skulle de monumentala mänskliga skapelserna fortsatt bestå av Egyptens pyramider samt endast några andra mänskliga konstruktioner även i vår tid. För allt hade fått göras med mänsklig hand och kraft fram till nu. Oljans kraft är totalt underskattad för en modern människa. För en tonårsgrabb uppväxt på landet som jag är var det en högtidsstund att få en moped vid sin 15-årsdag. Innan dess användes mänsklig kraft att själv förflytta sig med cykel vilket innebar att man inte tog sig så långt i onödan. Att sitta på en cykel med motor och slippa trampa var en skön känsla och färderna blev längre. Många i min klass hade också moped för alla bodde utanför större samhällen. Att föräldragenerationen inte haft den möjligheten utan fick fortsatt cykla långt upp i vuxen ålder var inget vi brydde oss om. Mopeden var ändå inget mot att äga en bil och de tre år man fick köra med mopeden blev dryga när man såg möjligheten att både ta körkort och köpa bil när man blivit 18 år. Inget konstigt att äga en bil redan vid 18 års ålder eftersom gymnasieutbildningen var klar och yrkeslivet kallade. Att kunna förflytta sig tack vare drygt 1000 kg metall och plåt var fantastiskt och en otrolig frihetskänsla. Att ens fundera på logiken att förflytta 75 kg tonåring med hjälp av 1 ton plåt på hjul fanns inte för så såg livet ut för många redan i slutet av 70-talet. Svaret på att det gick och man hade råd var det svarta guldet. Bilen hade inte blivit byggd för det pris som en vanlig tonåring kunde köpa den för ens begagnad och inte kunnat drivas framåt utan den billiga energin olja. Om vi alla då insett att all den energi vi använder för att transportera oss, värma våra hem samt alla andra aktiviteter som kräver energi jämförts med vad människokroppen kan prestera, har varje person i de rika länderna 150 energislavar som arbetar för oss dygnet om.[5] Då kanske en tonåring som jag varit lite mer ödmjuk till den "självklara" tillgången till energi.

Gas

Gas eller som den mer rätt visst ska heta i naturgas, har fått en ökad betydelse de senaste decennierna. Inom en längre parentes har jag väldigt svårt för ordet naturgas. Ett ord som låter som att det antingen är naturligt eller kommer från naturen i form av odling av grödor, skog och sedan rötning av det organiska materialet. Vem någonsin har yttrat ordet naturolja för den olja som pumpas upp från vår planets inre? Slut på parentesen och tillbaka till den gas som består av i största del av metan. Länge ansågs naturgasen bara vara en biprodukt som man lika gärna kunde elda upp direkt vid oljefälten. Därav de klassiska facklorna vid oljetornen runt om i världen. Efterhand insåg man att det var en effektiv form av energi som hade en hög energitäthet och en

---

5 Richard Heinberg, Journalist

ren förbränning.[6] Att transportera gas är mycket svårare än att transportera olja och kol så utvecklingen har gått mot att bygga långa pipelines för att försörja stora delar av Europa från bland annat Ryssland och norra Afrika. En utfasning av andra energislag till naturgas gjorde att storstäderna fick minskade luftföroreningar. Kina har speciellt satsat stort för att förbättra miljön och Indien har samma planer. Indien har 9 av de 10 mest luftförorenade städerna i världen så något måste göras. Gott nog så men naturgasen har exakt samma problem som alla annan fossil energi. Det bildas koldioxid vid förbränning och det är just det man är tvungen att göra för att få ut energin.

Kol

Ordet kol kan stå för flera olika saker men i detta fallet är det stenkol i dess olika skepnader jag tänkt ta upp. Det svenska namnet kol för både grundämnet kol och det fossila bränslet är olyckligt men något vi får leva med. Stenkol innehåller hög halt av grundämnet kol och brukar vara minst 50 % av vikten och 70 % av volymen.[7] Benämningarna har ni säkert hört tidigare som Brunkol och Stenkol men det finns även en hårdare och mer energität form i Antracit. Den yngsta och minst energivärda är brunkol som i första hand

6 Forskning & Framsteg – Per Högselius

7 Kol (bränsle) - Wikipedia

används för energiproduktion. Övriga varianter kan även användas till andra processer men även mest för energiframställning. Framförallt brunkol är en viktig källa till energi och då oftast för elproduktion. Kraftverken läggs oftast i anslutning till brytningen av kolet för att slippa långa transporter. Debatten om satsningen på elfordon istället för fossildrivna på diesel och bensin blir lite konstig om man ”tankar” fordonet med brunkolsel. Då har man inte gjort någon jättevinst på att minska koldioxidutsläppen mer än vinsten i att en elmotor är mer energieffektiv. Det kan ändå vara en väg framåt men inte fullt ut förrän elen produceras koldioxidfritt. En förändring har skett de senaste åren där man i allt fler länder försöker frångå kol som energikälla till förmån för till exempel naturgas. Vägen är tyvärr inte rak för samtidigt startar man allt fler kolgruvor i olika delar av världen. Orsaken är enkel. Vi kräver hela tiden mer energi. Den bedömda kolreserven i världen kommer räcka 150 år till så vi har all världens chans att fortsätta jakten på den fossila energin.

Omfattningen

Fossil energi som vi skapat vår moderna värld av och även gjort oss till det dominerande däggdjuret på klotet med snart 8 miljarder individer. Det hade inte varit möjligt om vi inte dragit så stor nytta av den fossila energin som vi nu gör.

Tidigare i kapitlet nämnde jag att vi hade tillgång till energikällor som motsvarar 150 "slavar" som varje minut dygnet runt gav oss möjligheten att vara de vi är. Tyvärr har de "slavarna" en skorsten som varje dygn spyr ut 25 kg koldioxid för en person boende i Sverige. En gas som vi själva också andas ut men bara 1/150 av totalen. Som ni kan se i nedan diagram har koldioxidutsläppen ökat med mer än det dubbla på 50 år. Från 15 000 miljoner ton CO2 år 1970 till 38 000 miljoner ton CO2 år 2019. Det finns ej heller någon som helst tendens att de minskar trots flera årtiondens diskussioner, möten och avtal mellan världens länder att göra så. Av koldioxidutsläppen totalt är det de fossila energierna som är skurken till nästan 100 %. Som exempel är det energisektorn som bidragit mest till ökningen och det beror på att man använder kol, olja och gas för att producera el och de länder där utsläppen ökar mest är Kina och Indien.[8] I flera omgångar och med dystra rubriker har man försökt förutse Peak-oil som innebär att man nått toppen av framtida reserver av energin. Men människan är finurligare än att bara ge upp inför "dysterkvistarna". Hela tiden finner man fler och fler källor av olja och gas och även kol. Nu sneglar man på Arktis där isen varit ett hinder men "tack vare" den globala uppvärmningen nu snart är åtkomlig för utvinning.

8 Ekonomifakta – Koldioxidutsläpp i världen

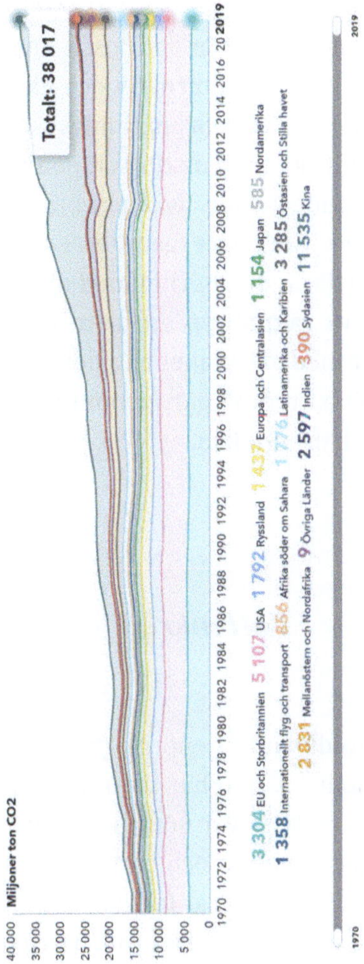

Källa: EDGAR 2020

Alternativ till fossil energi

I förra kapitlet gick vi igenom vad fossil energi är och vad den används till. Finns det alternativ och vilka är dessa i så fall kan jag undra, och även förhoppningsvis du som läsare! Ekvationen i att minska koldioxidutsläppen innebär med en konstant eller ökande behov av energi, att vi måste hitta andra energiformer som inte genererar någon koldioxid. Om inte står vi fortfarande i hörnet med dumstruten på. Det låter rätt enkelt att räkna upp ett antal energiformer som inte ställer till det med vår planet och fler av dem har du säkert hört i miljödebatten. Vi går igenom några av dem här, både sannolika och osannolika.

Vattenkraft

En av de äldsta koldioxidfria energierna är vattenkraft som utnyttjats i tusentals år. Den har bara några bestämda krav som är svåra att uppfylla var som helst i världen. Det ska finnas stor tillgång av vatten och en höjdskillnad för att dra nytta av vattnets rörelseenergi för omvandling till elenergi eller annan form av användbar kraft. Därmed utesluten i torra och ökenliknande delar av världen. I stort sett alla ekonomiskt försvarbara vattenkraftverk är redan byggda så utvecklingspotentialen är väldigt låg om man inte ska göra stort våld på naturen. Vattenkraft i andra former som vågkraft, tidvattenkraft osv. har diskuterats och experimenterats med i många årtionden utan att bli kommersiellt gångbara. Orsakerna är säkert flera men sanningen ligger tyvärr i att man inte får ut tillräckligt med energi i förhållande till investeringen. Samt i att det är en komplicerad form av utrustning som krävs.

Solenergi

Solen är förklaringen till allt levande på vår jord och därmed en enorm kraftkälla om man kan tygla den. All värme som vi kan dra nytta av som sommarens värmebölja kommer från solen men hur paketera den i ett användbart format? Det har testats med solspeglar som värmer upp vatten eller en gas som sedan omvandlas till el samt andra halvt finurliga lösningar. Det vi landat i och väldigt hårt är solceller bestående av kisel som omvandlar ljus till elektrisk energi.[9] Tack vare att dessa går att tillverka för en bråkdel av kostnaden jämfört med för några år sedan har solceller dykt upp som frälsningen när det gäller att ta vara på solens energi. Då glömmer man lätt mycket annat som att man kan ta tillvara solenergin i att bygga bostäder på rätt sätt där man släpper in energin genom fönster och skärmar av när det är för varmt för att spara energi genom att inte behöva använda

[9] Wikipedia - Solcell

AC (luftkonditionering). Eller att odla där klimat och värme är optimal. Samt kanske det mest självklara, inte bygga civilisationer på områden som kräver mycket energi för att vi människor ska ha en dräglig tillvaro. Som Sverige som bra men även dåligt exempel. Åter till solenergi i form av solceller som verkar vara modetrenden. I nedan diagram som inte är helt dagsaktuell kan man se ökningstakten. Bedömd produktion kring år 2018 ligger på ca 500 000 MW vilket motsvarar 1 promille av Sveriges totala energibehov. Då i jämförelse med att Sverige har en befolkning av drygt 1 promille av världens. Solceller är helt enkelt långt ifrån en frälsare än.

Källa: Ekonomifakta - Energianvändning

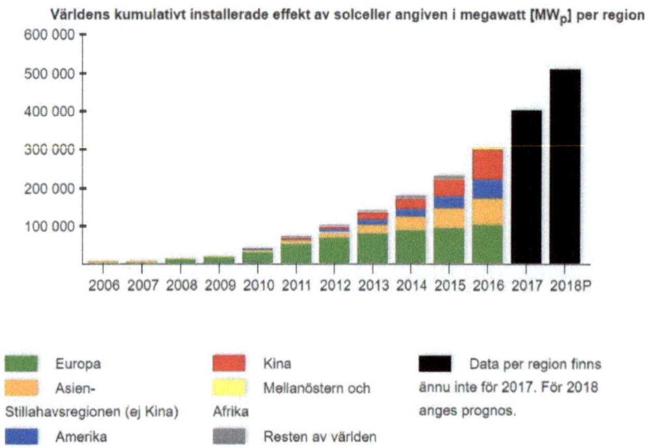

Med lägre priser och större satsningar kan solceller ersätta en del av den fossila energin men den har flera självklara begränsningar. Den producerar inget alls halva dygnet och levererar inte så stora energimängder där de stora energislukarna i världen finns, befolkningen i den nordliga delen av världen.

Vindkraft

Blåser gör det alltid någonstans på vår runda planet och vind innehåller energi. Att fånga upp den är inte speciellt lätt. Det som blivit tidens melodi är en modern form av dåtidens vindmöllor men att man omvandlar vindens kraft till elektrisk energi i en generator. Om man gör ett tvärsnitt av den lägre atmosfären från marknivå upp till tusentals meter blåser det oftast samtidigt genom hela nivån. Vad du då ser är ett vindkraftverk som försöker fånga energin stort som ett knappnålshuvud i jämförelse med denna enorma luftmassa. Det går inte att sätta flera vindkraftverk ovanpå varandra utan dessa måste spridas horisontellt. Att det ändå finns så pass mycket energi att fånga med bara några propellerblad är för mig rätt imponerande!

Källa: Wikipedia – Vindkraftproduktion i världen (TWh/år)

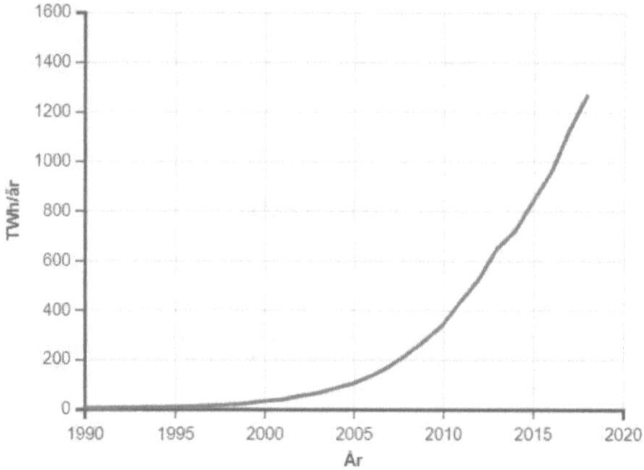

Vindkraftsproduktionen har ökat kraftigt under de senaste 30 åren och nådde nästan 1 300 TWh år 2018. Ökningen bedöms fortsätta på hög nivå där Kina är ledande i utbyggnaden. Själva produktionen av el är i princip koldioxidfri men om man tar med hela vindkraftverkets livscykel som även innefattar konstruktion och återvinning kommer ett modernt kraftverk släppa ut ungefär 100 ton CO2 per år. Det motsvarar nuvarande genomsnittliga CO2 utsläpp för 20 världsmedborgare. Till vindkraftens försvar producerar ett nytt kraftverk mer än vad 20 personer förbrukar i energi per år men det är långt ifrån nollutsläpp ens med vindens hjälp.

Kärnkraft

Den mest bekymmersamma energiproduktionen är kärnkraft som i grunden är en mycket effektiv energi. Men har under de 50 år som den varit kommersiell inneburit flera katastrofer. Harrisburg som var ett kärnkraftverk i USA var första varningen 1979 i att detta inte bara var framtidens energiform utan kanske även den sista för mänskligheten. Tjernobyl är den värsta olyckan hittills och därefter dog i stort sett utbyggnaden av kärnkraften ut i stora delar av världen. Den stora fördelen i miljökrisens tid är att CO2 utsläppen är väldigt låga men avfallsfrågan är minst sagt evig. Kärnavfallet går att omvandla till atombomber om man så vill, eller kan. Alternativt får det grävas ner och förvaras i 100 000 tals år utan att komma i kontakt med mänskligt liv. En helt absurd tanke om man betänker vad som skett de senaste 100 000 åren med flera istider och att människan då bara var en människoapa vandrande på savannen som många andra däggdjur. Runt om i världen finns det drygt 440 reaktorer utspridda på ett antal kärnkraftsanläggningar. Ytterligare närmare 60 reaktorer håller på att byggas i olika länder. Ingen stor omfattning om kärnkraft ska göra någon större skillnad mot den globala uppvärmningen. Trots hälften så stort CO2-avtryck som vindkraft tror jag inte vi kommer se en stor utbyggnad av kärnkraften i ett världsperspektiv. Det räcker att nämna Finlands nya kärnkraftsanläggning som när den nu är klar är det näst dyraste som mänskligheten någonsin byggt! Samt att det blev försenat med 13 år.

Fusionskraft

När vi ända pratar kärnenergi så kan vi lika bra gå över till motsatsen till kärnkraft i fusionskraft. I en fusionsreaktor försöker man slå ihop atomer vilket är tvärtom mot en fissionsreaktor som ett vanligt kärnkraftverk är. I uppslagsverk kallas fusionsenergi för en ”hypotetisk” framtida energiform.[10] Det är nog helt rätt beteckning eftersom man under många årtionden lagt ner miljarder i forskning utan att komma på hur. Man räknar med att det kan ligga ytterligare 30-50 år fram i tiden innan en reaktor kan producera mer än den tillförs i energi. Ur ett klimatperspektiv har tåget då redan lämnat stationen och konduktören har även gått bort.

Geotermisk energi

Rubriken säger inte riktigt vad denna energiform är men det är så enkelt som att man utvinner energi från jordskorpan. Ett bra exempel är Island som tar vara på vad som finns på vulkanöns inre. Ingen stor energikälla ur ett världsperspektiv för förutsättningarna finns inte på så många ställen. En mycket ”ren” källa men kan inte utvecklas i någon större ut-

[10] Wikipedia - Fusionsenergi

sträckning framöver. Den andra varianten av termisk energi är att man tar tillvara energin från solens strålar som värmer upp mark eller hav. En rätt vanlig form av produktion för småhus i Sverige som bergvärme. Alternativt en mindre effektiv i luftvärme som innebär att ta tillvara uteluftens energi och komprimera den till värme inomhus. Inte direkt geotermisk energi och mer ett sidospår. Totala produktionen i världen är försumbar jämfört med övriga energislag och kommer inte påverka klimatet i mer positiv riktning.

Biobränslen

Som namnet antyder är det en form av förnybart bränsle som har biologisk härkomst. Här kan vi innefatta skogsråvara, halm, matavfall, djurkadaver samt även andra intressanta råvaror. Omfattningen av energislaget är väldigt skiftande beroende på de lokala tillgångarna som Nordens stora skogar eller Afrikas savanner. Den bedömda globala andelen för bioenergi är cirka 14 % men det finns ingen uppåtgående trend för bränsleformen i dagsläget.[11] Om biobränsle ska klassas som en koldioxidvänlig energiform krävs det att motsvarande mängd biomassa planteras och växer upp igen. Detta för att växtligheten ska fånga upp den koldioxid som släpptes ut vid förbränningen. En utmärkt teori men mycket

[11] www.bioenergitidningen.se – Intresseorganisation för branschföretagen

som förbränns som biomassa kommer från skövlade skogar och återplanteras inte. Dessutom är tidsaspekten förödande om vi nu idag eldar upp ett träd och behöver vänta 50 år för det nyplanterade trädet att bli färdigväxt och då fångat upp samma mängd koldioxid som vid förbränningen. I nedan diagram kan vi se CO2 avtrycken för ett antal energislag som används vid elproduktion. För bränsleslagen trä och halm krävs en brasklapp eftersom det är svenska förhållanden och att man återplanterar. I ett världsperspektiv är det inte möjligt att uppnå motsvarande.

Källa: analys.se = Energiföretagen Sverige

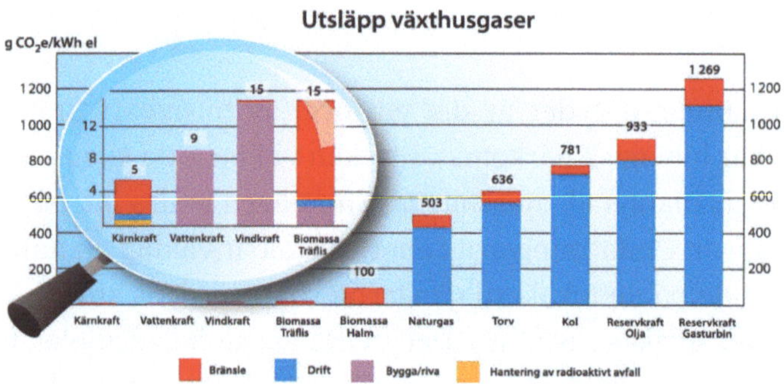

Sammanfattning

Av alla de alternativa energiformerna som jag tagit upp i detta kapitel har jag säkert glömt några men försökt ta med de viktigaste i alla fall. I genomgången kan man konstatera att ingen energiform är helt koldioxidneutral och varje utbyggnad av respektive energiproduktion medför påverkan på vår redan plågade planet. Det som oroar mig är att även om vi helt och hållet satsar på de mest klimatneutrala energislagen kommer vi släppa ut stora mängder CO2 när vi istället behöver sluta helt och hållet och det redan igår! Fortsättning följer i kommande kapitel där jag tar upp de negativa konsekvenserna av den fossila förbränningen och eventuellt någon fördel av att miljarder ton CO2 kommer ut i atmosfären.

Koldioxiden som världen andas ut

Världen har ett katastrofalt problem och det stavas koldioxid. Eller om man ska vara mer teoretisk, koldioxidekvivalenter. Jag har nämnt den ofattbara siffran 38 miljarder ton CO2-utsläpp per år tidigare. Om vi tar med andra utsläpp på grund av mänsklig aktivitet som ger global uppvärmning och växthuseffekt är siffran så mycket som 51 miljarder ton koldioxidekvivalenter. I den högre siffran räknar man om andra växthusgaser som metan, dikväveoxider osv. till värdet för koldioxidutsläppen. Därmed får vi en siffra på vad de mänskliga aktiviteterna betyder totalt för växthuseffekten uttryckt i koldioxid. För att vi ska nå noll i utsläpp är det 51 miljarder ton vi ska ha ögonen på. Vi går inte in på hur en gas kan väga något när det svävar runt i atmosfären utan det kan du som läsare själv förkovra dig i om du vill. Vilket fall så kan man konstatera att för mig själv och miljarder andra som kör någon form av fordon förbränns bensin eller diesel i det som kallas motor i fordonet. Ut från avgasrören kommer förbränningsgaser, mer eller mindre hälsosamma. Den minst hälsovådliga i koldioxid kommer ut i sådan mängd trots att den inte syns att den påverkar hela jordens framtid. För varje liter bränsle bildas ungefär 2,5 kg koldioxid. Att det bildas mer koldioxid än vad bränslet väger är för att i förbränningen förenas luftens syre med bränslet i just koldioxid. Samma fenomen finns i alla förbränningsprocesser av fossila bränslen vilket gör att det är så lätt att dra ett likhetstecken mellan användning av fossila bränslen och koldioxidutsläpp. Undantaget är produktion av material som t ex. plast som inte ger ett direkt utsläpp men indirekt vid avfallsförbränningen. Eller stora miljökonsekvenser när det hamnar i vattendrag och hav vilket tas upp längre fram i boken. Från min barndom till dagens datum har koldioxidutsläppen ökat med nästan 2,5 gånger. Samtidigt har befolkningen på dessa 50 år fördubblats. Koldioxidutsläppen har ökat mer än befolkningen men den största anledningen till ökningen är ändå befolkningsökningen i världen. En ökning som aldrig någonsin tidigare skett i sådan fart. Om vi som mänskliga varelser inte varit så kreativa och uppfinningsrika hade vi inte kunnat nå det vi har idag. En värld där aldrig någonsin tidigare så många haft det så bra. Detta mycket tack vare den otroligt billiga fossila energin men det har haft sitt pris. I alla delar av världen, varje sekund och varje stund på dygnet sker det små enskilda och väldigt stora utsläpp av koldioxid. Konsekvensen för dig och mig är helt ogreppbar. Att jag själv kör till jobbet eller köper en vara som tillverkats i en process som kräver fossil energi är inget stort avtryck i sig. Jag gör det för att jag lever det liv vi har just nu. Inget att bry sig om. Tyvärr finns det närmare 8 miljarder andra individer som jag som vill leva samma liv. Vissa gör det redan och över mig och andra vill dit så fort som möjligt. Massan skapar problemet i att vi spyr ut runt 50 miljarder ton koldioxidekvivalenter. Gasen vill fly från oss dårar på marknivå och hamnar uppe i atmosfären som hämnd. En hämnd i att jorden sakta men säkert värms upp allt mer. Redan 1896 satte en svensk forskare fingret på problemet. Svante Arrhenius uppmärksammade för den tiden det främmande uttrycket ”växthuseffekt” och kopplade det till istidernas växlingar på grund av koldioxidskiftningar i atmosfären.[12] Vid millennieskiftet till 1900-talet fanns det inga anledningar till att tro att vi själva skulle vara den framtida motorn i koldioxidökningen. Det tog nästan 100 år innan vi på allvar förstod vad vi ställt till med när vi en gång startade jakten på det fossila bränslet. Nu är det en omöjlighet att stänga kranarna och gruvorna eftersom vi byggt upp en värld som ingen vill mista och fler vill in i. De närmsta decennierna kommer vi släppa ut allt mer koldioxid men vad gör koldioxiden för påverkan mer än att vi får en planet som är lite varmare och för vissa, skönare? Uppvärmningen medför andra konsekvenser som att issmältningen på glaciärer eller landområden som Grönland och Antarktis ökar. Det medför höjda havsnivåer. Ökad risk för extremväder med ökad nederbörd och stormar kan vi även räkna med. Arter kan utrotas och ekosystem förstöras på grund av klimatförändringarna. Jordbruket undantas inte i heller utan livsmedelsproduktionen kan påverkas negativt på många platser. Sammantaget innehåller den osynliga gasen koldioxid en sprängkraft i konsekvenser för planeten och oss människor som inte går riktigt att greppa i ett längre perspektiv. Vi är mitt i denna förändring och har ingen plan alls på hur vi ska ta oss ur krisen. Det bör finnas hopp där framme i framtiden hoppas de flesta men det gör det inte för vi har valt en väg utan avfarter. Koldioxiden vi redan släppt ut kommer finnas i atmosfären hundratals år om inte tusentals. Vi kommer bara de närmsta 10 åren ha släppt ut ytterligare 500 miljarder koldioxidekvivalenter. En helt obegriplig siffra under så få år som bara är en blinkning av jordens

---

12 Wikipedia – Svante Arrhenius

ålder. Vi kan tyvärr endast göra det som vi gjort i så många tusen år redan, anpassa oss så gott det går.

Fånga utandningen

Med 500 miljarder ton ytterligare på 10 år som vi kallt kan räkna med släpps ut i atmosfären eftersom vi inte har några kraftfulla åtgärder för reducering börjar "spinndoktorerna" gå igång! Dessa "trollkarlar" finns både inom politiken och bland företag som vill presentera lösningar som innebär att vi inte behöver ändra våra liv nämnvärt. Dessa lobbyister säljer oftast in budskap för att dra egen vinning av det eller uppdragsgivarens. En av dessa så kallade lösningar är koldioxiduppfångning, Carbon Capture and Storage" (CCS).[13] Låter som att ett barn har fantiserat ihop något i förskolan men är seriöst menat i en metod som fångar koldioxiden i atmosfären och pressar ner den i urberget. Alternativt i gamla olje- och gasfyndigheter. Tekniken är bara på experimentstadiet och hittills visat sig kräva mycket energi för att kunna fånga upp, komprimera och pumpa ner koldioxiden i det slutliga förvaret. Tacksamt för bland annat oljeindustrin att lyfta dessa tekniska oprövade idéer för då kan de fortsätta sin verksamhet som vanligt medan vi väntar på att tekniken ska förverkligas och planeten räddas. Den da-

13 www.naturskyddsforeningen.se/faktablad/ccs-infangning-och-lagring-av-koldioxid/

gen det sker tror jag varken du eller jag lever längre! Det finns fler mer eller mindre galna lösningar på hur vi ska kunna fånga upp den lättflyktiga koldioxiden. En är att dammsuga luften genom ett membran, fånga koldioxiden som finns i luften och därefter lagra den i berggrunden. Då ska man betänka att luften innehåller 0,04 % koldioxid så väldigt mycket luft ska dammsugas för att uppnå några volymer. Att plantera en skog gör samma nytta men kräver ingen energi för processen. Just den här idén med koldioxidinfångning verkar dödfödd redan innan den blev en tanke.[14] Det är väl en ödets ironi att en av de minsta beståndsdelarna i vår atmosfär, koldioxid, är det som orsakar den största påverkan på planeten. Denna osynliga gas är otroligt svårfångad så det bästa sättet att lösa klimatkrisen är att inte släppa ut någon koldioxid alls. Det som redan kommit ut i atmosfären går troligtvis inte att fånga in på ett effektivt och energisnålt sätt. Det innebär att vi kommer få leva med en högre medeltemperatur på planeten i hundratals år framöver. Hur hög och hur vi tacklar det finns det inga svar på än. Det är som det brukar vara med det korta mänskliga livet att svaren finner vi när vi blickar historiskt tillbaka.

[14] https://www.folkbildningklimat.nu/koldioxidlagring-med-biomassa-beccs/

Fördelar

Efter all dyster information kring koldioxidens nackdelar behöver vi lyfta några fördelar. Den stora fördelen och som skapat liv på planeten är att koldioxid är en växthusgas. Det har gjort att vi har ett klimat som skapat flora och fauna i de flesta av jordens områden. Utan den effekten hade vi haft cirka 30 grader kallare vilket troligtvis inneburit att liv bara funnits vid ekvatorn.[15] Precis motsatsen till en fördel är att vi nu fyller atmosfären med för mycket växthusgaser och håller på att förändra klimatet för radikalt. En högre halt koldioxid gynnar växtlighet till en viss gräns. Det växer helt enkelt bättre om halten är högre vilket vi redan nu drar fördel av. Mer växtlighet fångar upp mer koldioxid och bildar syre som biprodukt. Den fördelen är tyvärr inte större än att det inte räcker för att kompensera för nuvarande och framtida utsläpp av växthusgaser.

---

15 https://www.naturskyddsforeningen.se/faktablad/hur-fungerar-vaxthuseffekten/

Energiskurkarna

Vi förbrukar energi på olika sätt och med olika syften. En hel del av förbrukningen är för att vi ska ha ett drägligt liv som att värma oss eller producera livsmedel. Mindre väsentlig är för att åka charter till varmare breddgrader och sola och bada eller ta bilen till närbutiken som ligger några hundra meter från hemmet. Sedan finns energiförbrukning som är helt uppåt väggarna jämfört med det som är basalt som att producera mat och värme. Jag ska ta er genom några sådana exempel som pekar på vansinnet i en förblindad värld.

Låtsaspengar

Bitcoin vet nog de flesta vad det är men troligtvis vet få hur denna virtuella valuta hanteras och vilka resurser det krävs för att hantera en valuta som inte ens är sanktionerad av en enda stat i hela världen. En av de stora serverhallar som hanterar Bitcoins transaktioner finns i Boden i Sverige. Tekniken kallas ”Proof of Work and Mining” och ska skydda valutan för fusk men kräver hundratusentals aktiva och energislukande datorer runt om i världen för beräkningarna.[16] Totalt kräver det internationella bitcoin-nätverket lika mycket elenergi som 70 miljonerslandet Thailand! Server-

[16] Aftonbladet – Drar el som en hel stad

hallen i Boden kräver lika mycket el som en mindre stad. Datorerna som används har kort livslängd och byts ut ofta mot nya snabbare datorer. Elektronikskrotet per år för hela Bitcoin-verksamheten uppgår till hiskeliga 30 000 ton. Då ska man vara medveten om att bara 17 % av skrotet återvinns, resten hamnar på en soptipp. Omfattningen av datorskrotet kan man sätta i ett annat perspektiv. Om varje lastbil kan lasta 10 ton är det 3 000 fullastade lastbilar som den osynliga valutan skapar i i datorskrot. Ovanpå detta har du den enorma energiförbrukningen för processen samt för att tillverka alla datorer. Som salt på såret subventionerar vi skattebetalare företaget genom att de i stort sett inte betalar någon energiskatt. Detta som statens politik för att stödja digitaliseringen. Du, jag och alla fattigpensionärer är inte värda den ynnesten utan får vackert betala energiskatt trots att vi långt ifrån är några energiskurkar. Ett typiskt exempel på där samhället subventionerar utan urskillning och som får förödande konsekvenser i slutändan. Slöseriet av energi för att hantera en enda spekulativ valuta bevisar att energi inte lokaliseras till verkliga behov utan är en handelsvara precis som allt annat. Vem kommer vinna matchen när energin blir en bristvara. Familjen som behöver värma sitt hem eller Bitcoin?

Glastornen

Att bygga monument över sig självt eller andra har skett i tusentals år. Allt från Egyptens pyramider till de moderna skyskraporna. Det finns en otrolig fascination över just att nå så högt som möjligt. Jag låter vara osagt om det bara är mäns sätt att skapa fallos-symboler eller det finns någon djupare mening... Världen högsta byggnad är Burj Khalifa som finns i Dubai. Ett ökenområde som inte precis har brist på byggbara ytor. Byggnaden är hela 828 meter hög och innehåller, hotell, kontor och bostäder.[17] Konstruktionen består först och främst av stål och glas. Material som ingen kan påstå är optimala i ett ökenklimat. Stål leder värme väldigt väl och glas släpper naturligt igenom värme i form av solstrålar. Hur tänkte man här? Här har man inte tänkt alls kring att spara energi. Inte när Dubai ligger i Förenade Arabemiraten och har oljekällorna utanför dörren. Den fossila energin är nästan gratis och transportvägarna är korta. Byggmaterial som stål och glas kräver mycket energi att framställa men att kyla ner glastornet kräver så mycket mer under byggnadens livstid. Det har man löst genom att bygga en låg sidobyggnad där man producerar kyla för att klara av att kyla ner alla våningar i tornet. Lägger systemen av tar det bara timmar innan det inte går att vara kvar i byggnaden på grund av att det blir för varmt. Det naturliga valet för en energisnål byggnad i ett ökenklimat hade varit att bygga un-

---

[17] Wikipedia - Burj Khalifa

der marknivå. Här gör man tvärtom för att man kan. Burj Khalifa är långt ifrån det enda exemplet på glastorn i varma eller tropiska klimat. De flesta så kallade skyskrapor byggs idag i Asien eller i Mellanöstern där risken för att frysa inte är så stor. Men att bli överhettad är en så mycket större risk. Att kyla en volym luft kräver mycket mer energi än att värma samma luftmassa. Med alla dessa redan byggda glastorn samt planerade har man valt ett utseendemässigt imponerande sätt att visa upp status och makt. Det som saknas helt är en anpassning till de begränsade resurser som vi alltid lever med.

En individ på fyra hjul

Jag ska inte trötta ut er med hur vi hamnade i ett samhälle med bilism som det viktigaste sättet att transportera oss på men av alla varianter av sätt att förflytta sig från A till B är det bilen som vunnit. De första trevande stegen i början på förra århundradet har utvecklats till en symbol för den moderna människan som har tillräckligt stora ekonomiska resurser. Så här i början på 2020-talet finns det ungefär 1 miljard bilar i världen och antalet ökar med 4 % per år.[18] Ökningen är därmed ungefär 40 miljoner bilar per år vilket låter inte så farligt i sig om man betänker världsbefolkningens antal. Om man i stället tittar på vad varje bil i kombination

[18] Teknikens värld – Nu finns det en miljard bilar i världen

med ägaren levererar får man en annan bild av bilismens framfart. Dagens moderna bilar som vi har i västvärlden är stålmonster på 1500-2000 kg. Uppdraget som bilen har är att transportera människor och gods mellan två punkter på land. Flygande bilar lär aldrig bli något verkligt utan är en kul grej i Sci-Fi filmer. Den gör det framgångsrikt men hur ser ekvationen egentligen ut om man granskar den utifrån som en grön marsian från yttre rymden? Din stålbox som står på luftburna gummiringar och som väger 20-25 gånger mer än du som styr bilen kräver tusentals kvadratkilometer asfalt för att ens kunna ta sig fram på de små gummiringarna till hjul. Asfalt som kräver mycket energi för att bli vad det är från krossad sten och råoljan som vi ständigt pumpar upp. När den gröna marsianen tittar in i bilen när den pinnar runt på den svartkletiga asfalten så blir denne häpnad! Det sitter bara en enda organisk varelse i bilen och det verkar som det gör det nästan alltid. 80 kg människa rullar runt i en stålkapsel som väger uppemot 2000 kg och ser nöjd och glad ut. Märkligt tänker denne gröne han/hon/det, är denna låda med hjul så klent byggd så den klarar bara en inföding eller kan dessa märkliga figurer väga så mycket så stållådan inte klarar mer? Om det bara behövdes 80 kg bil för att transportera en person. Då skulle en vanlig SUV kunna transportera 20-25 personer på samma gång. Vad har gått snett i utvecklingen av personbilar på dessa dryga hundra år så vi hamnat så tokigt. Svaret stavas återigen den billiga fossila energin! Bränslet som krävs för att förflytta bilens vikt på de små gummihjulen med hög friktion är så oförskämt billig, så vi kan. Bara galenskapen att bygga ett tungt metallskelett runt våra små kroppar, placera säten för 4-5 personer när bara en använder bilen för det mesta och ett bagageutrymme som vi nästan aldrig använder är energislöseri av mycket stora mått. Dessutom montera en motor som är överdimensionerad flera gånger om på grund av att det säljer bättre, är ännu ett slöseri utan mening. Med dagens vägar med genomreglerade hastighetsbegränsningar behöver du inte större motor än vad som fanns i bilens ungdom. Jag har tyvärr inte sett några siffror på vad en konstruktion av bil med egenskaper som att vikt och last är 1 till 1 och hur mycket energi som slösas bort med lösningen gummihjul jämfört med andra lösningar. Det vi vet från skolan är att friktionen är 4 gånger högre för gummihjul jämfört med stålhjul som i tåg så energiförlusterna är teoretiskt enorma. Lösningen stavas tyvärr inte elbil för alla andra dumheter som för stor vikt, gummihjul, för stora utrymmen osv. finns kvar. Även om elen skulle produceras miljövänligt är det ren slöseri att den används till en så slösaktig skapelse energimässigt som bilen är. Glöm inte att förnybar energi kommer att vara en bristvara i många år till och bör användas där den gör mest nytta. Dagens transportlösning i bilen är en återvändsgränd men som vi inte verkar klara oss utan.

Den eviga lågan

Hur olja och gas plockas upp från underjorden har jag beskrivit i andra kapitel. Det som oftast finns i alla fyndigheter är både gas i metan och råolja. Oljan är hyfsat enkel att transportera över oceanerna till förbrukarna. Det är värre med gasen. Den är lättflyktig och behöver först pressas ihop under tryck så den blir flytande. Därefter kan man transportera den på specialfartyg eller i långa pipelines om avstånden inte är för stora. Många gånger finns det inget behov av gasen eller det blir för kostsamt att transportera den till förbrukarna. Då finns det en enkel lösning som använts sedan oljebehovets början. Låta gasen brinna upp i en stor låga vid oljefyndigheterna, så kallad "flaring" Den här lösningen som är lika enkel som billig löser två problem. Du blir av med en gas som du ändå inte kan sälja, samt att du får bättre kontroll och minskar det inbyggda trycket i fyndigheten. Enligt en översikt som BBC gjort släpps det ut cirka 20 miljoner ton CO2 ekvivalenter genom denna förbränning.[19] Det motsvarar nästan utsläppen för hela Sveriges bilflotta. Mörkertalet är stort så det finns säkert en stor risk att utsläppen är klart större än vad som hittills ringats in. Av en ändlig energikälla verkar det huvudlöst att slösa bort delar av den genom det här förfaringssättet. Tyvärr uppfattas det från många håll att det ändliga är oändligt.

---

[19] BBC - https://www.bbc.com/news/science-environment-62917498

En modern människa

För en vanlig västeuropé som jag själv som bor i en av de mest välställda länderna i världen är energiskurk bara förnamnet. Mitt liv ser ut som ett antal miljoner andras men är ur ett världsläge och historiskt extremt. Jag har prickat av i stort sett allt som en ”medelsvensson” ska uppnå i sin ”bucketlist” under livets gång. Jag tänkte räkna upp höjdpunkterna i det självförstörande liv som jag lever i och som jag troligtvis kommer fortsätta leva i tillsammans med alla andra medskyldiga i denna vår enda värld så länge det går. Resultatet för min del är sämre än genomsnittet i Sverige men det var väntat. Genomsnittet i Sverige är 9 ton CO2e/pers/år och jag hamnade på 12,1 ton. Sveriges mål för 2030 på 4 ton CO2e/per/år som WWF (Världsnaturfonden) räknat fram är besvärande. Det är bara några år framåt i tiden. Genomsnittet för världsbefolkningen är 6,5 ton och ständigt ökande. Vi i lilla Sverige inklusive jag själv släpper ut mångfalt mer växthusgaser per år än miljarder andra människor. Ett tydligt bevis på att en hög välfärd kräver mer energi som innebär större klimat- och miljöpåverkan. Vill vi sluta med det här räcker det inte att minska till det globala snittet. Vi måste ner till noll senast år 2050. Det är bara att titta in i varandras ögon och fråga oss om vi är beredda att göra det? Jag är övertygad om att vi inte är det.

Källa: WWF:s Klimatkalkylator, https://www.wwf.se/klimat/klimatkalkylatorn/

	Antal ton CO_2e / pers / år
Bostaden	0,3
Biffen - Mat	1,2
Bilen - Resor	3,2
Butiken - Prylar och aktiviteter	3,7
Sub-Total	8,4
Offentlig sektor och investeringar	3,7
Total	12,1

Du lever som om vi hade 5,67 jordklot

	Antal ton CO_2e / pers / år
Svenskens snitt (inkl. offentlig sektor och investeringar)	9
Mål 2030	4
Globalt snitt (2021)	6,5

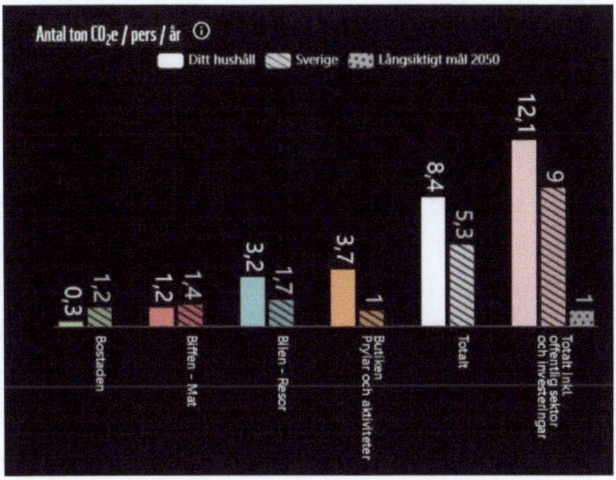

Antal ton CO2e / pers / år
Ditt hushåll
Sverige
Långsiktigt mål 2050
0,3
1,2
1,2
1,4
3,2
1,7
3,7
1
8,4
5,3
12,1
9
1
Bostaden
Biffen - Mat
Bilen - Resor
Butiken
Prylar och aktiviteter
Totalt
Totalt inkl.
offentlig sektor
och investeringar

Var ska energin tas ifrån?

Berättelsen om "Pandoras box", den fossila energin har vi nu tagit oss igenom men om detta är vägs ände, hur ska vi ersätta energin med något som inte sakta tar död på oss? Den frågan försöker besvaras av forskare och debattörer men inte alltid med någon större trovärdighet. I det mesta jag läst under de senaste åren finns frågan men inte svaret, i allt från sådana kändisar som Bill Gates till de mest pålästa professorerna i ämnet. Ingen kan ge mig ett riktigt trovärdigt svar på hur vi på vår planet ska kunna ersätta nuvarande energikällor till de som är miljö- och klimatvänliga. Utgångspunkten för mig är att vi behöver minst lika mycket energi i framtiden som nu. Två anledningar till det. Vi vill inte förlora det vi byggt upp i välfärd och bekvämlighet. Vi blir allt fler individer som gör att energibehovet naturligt ökar. Vi kan i lagom takt möjligtvis byta ut nuvarande energisystem till system som klarar kraven på noll-utsläpp av växthusgaser. Kanske under samma tidsrymd som vi byggt upp de vi har på så där 100-150 år. Det vi saknar helt och hållet är tiden. Vi skulle behöva växla över nu och egentligen redan igår. Förutsättningar krävs för att vi ska klara någon form av uthärdlig planet och är först och främst ett snabbstopp av användningen av fossil energi, viljan till förändring och det viktigaste, tekniken som ska ersätta koldioxidenergin. Förutsättningarna klarar vi dåligt av att uppfylla är min övertygelse. Här skall jag förklara varför.

Energibyte

Hjulen snurrar på i världsekonomin vilket är ett krav i kapitalismens grundidé. Om vi inte ökar ekonomin för varje år vilket medför ökad energianvändning kommer det uppfattas som en tillbakagång. Lustigt i sig att vi blivit så dopade av denna tro att vi inte längre kan se "status quo" som det normala. Priset för tron är en förstörd värld som motsvarar kristendomens helvete men garanterat mer utdraget. I denna spiral av ständig jakt på ökad försäljning, vinster och välfärd ska vi samtidigt växla bort en teknik som vi lagt ner miljarders, miljarder på i över 100 år. Dessutom enligt Parisavtalet, redan till år 2030 för att inte hamna över 1,5 graders uppvärmning. Det kan vara världens största lögn som världssamfundet med politiker från både demokratier och diktaturer uttalat. Samtidigt fortsätter expansionen av fossilekonomin där nya olje-, gas- och kolfält tas i anspråk. Kan vi räkna på hur mycket vi satsat i fossil energi under alla åren och jämföra med vad det skulle krävas att ersätta allt med förnybar eller koldioxidfri energiproduktion, kan vi kanske ana om lögnen består långt in i en mörk framtid. Handeln av de olika energislagen kommersiellt ser ut enligt statistik nedan. Om man räknar med de icke koldioxidutsläppande energislagen är dessa ungefär 18 % av totalen och hållit sig på denna nivå de senaste 20 åren. För att klara en icke överhettad jord behöver vi även ersätta de övriga 82 %. Vattenkraft och kärnkraft är etablerade energiformer och funnits i 50-100 år men inte på denna långa tidsperiod lyckats bli en dominerande energiform.

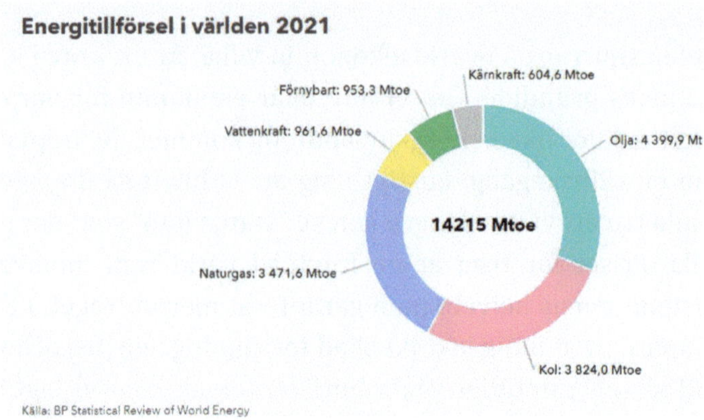

Då har världssamfundet "bara" 11 600 Mtoe (miljoner ton oljeekvivalenter, 1 toe = 11,6 mWh)[20] som behöver ersättas med andra energislag som inte genererar växthusgaser. Samtidigt ökar världskonsumtionen av energi med cirka 2 % årligen vilket gör att på knappt 10 år, måste både den nuvarande samt den ökande produktionen ersättas med förnybar eller koldioxidfri energi. Takten i utbyggnaden av den förnybara energin har ökat rejält de senaste 10 åren enligt nedan diagram. Det uppenbara problemet som väl illustreras i diagrammet är att alla övriga fossila energislag ökat ännu mer. En ekvation som inte ens den mest positiva matematikern kan vara lycklig över.

20 Wikipedia – Ton oljeekvivalenter

Källa: BP: Statistical Review of World Energy, Workbook (xlsx), London, 2015

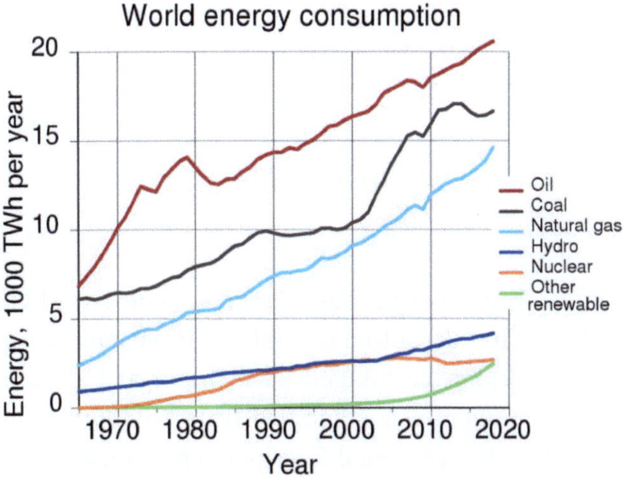

Om vi inte redan nu ska hamna i totalt missmod får vi bortse från Parisavtalets verklighetsfrånvända mål på väl under 2 °C och att man ska sträva efter att begränsa den till 1,5 °C. FN:s miljöprogram, UNEP har dessutom pekat på att vi kommer nå kring 2,5 graders högre uppvärmning vid slutet av århundradet även om vi tillämpar alla de aktiviteter som behövs. Aktiviteterna i sig är allt det vi inte börjat med, att ersätta all produktion av energi som producerar växthusgaser som koldioxid med andra produktionstekniker. Vi når 1,5 grader redan år 2030 enligt de flesta insatta så vi måste sikta på något mer nåbart i mitt resonemang. Vi kan troligen anpassa oss till en global uppvärmning på 2 grader även om vissa delar av planeten kommer ha den dubbla. Vi kommer nå 2 graders uppvärmning inom 20-30 år om det fortsätter med ”business as usual”. Om vi till år 2050 lyckats nå nollutsläpp av växthusgaser, vad krävs under dessa år av oss alla för att vi ska klara det. Vi kollar!

30 år till 0

Vi har då 82 % av energiproduktionen som behöver byta fot till fossilfri. Vi har dessutom om allt rullar på som vanligt en ökning av energianvändningen på 2 % per år i snitt vilket innebär en ökning med nästan 50 % fram till 2050 enligt nedan grafik från International Energy Agency. Inga av löftena från Paris 2015 eller till exempel COP26 i Glasgow har påbörjats på allvar så hela resan är i stort sett ogjord i dagsläget.

Källa: IEA, World Energy Outlook 2021

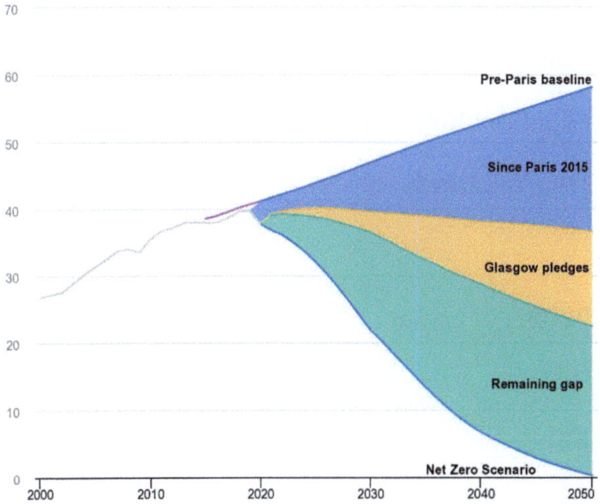

Om vi nu just idag påbörjar resan mot netto noll utsläpp och vi har 30 år på oss. Vad krävs och vad bör vi börja med? För att förenkla för mig själv och för dig som läsare delar jag upp resan mot år 2050 och netto noll i mindre delar. De ser ut så här.

Växthusgasfri energi:

Solenergi

Vindkraft

Vattenkraft

Kärnkraft

Fusionskraft

Biobränslen

(Koldioxidinfångning)

(Nya tekniker)

Fossil energi:

Olja

Kol

Gas

Biobränslen

Några kommentarer till ovan. Biobränslen finns med i båda listorna. Det är allt mer osäkert om biobränslen är en framkomlig väg som koldioxidfri produktion. Två parenteser finns i *Ny teknik* som nu är okänd som kan utvecklas under de 30 åren samt *Koldioxidinfångning*. Infångning är hoppet om att minska koldioxidutsläppen genom att låsa in det som redan finns i atmosfären eller som produceras för stunden. Vi bygger ett scenario för vad vi har möjlighet att göra på 30 år. För de flesta är det som att backa tillbaka till början på 90-talet. Inte så lång bort i sig men nästan ett halvt liv ändå. Tekniskt har mycket hänt men mycket lite när det gäller den fossila energin. Vad kan vi göra med all tillgänglig teknik på dessa år framåt?

Solenergi

Med mycket stor framgång har världen försetts med solceller som faktiskt är så effektiva att vi kan räkna med dem som en framtida energikälla. Andra tekniker att fånga energin från solens strålar tar jag inte med här för de anser jag inte har möjlighet att bli en energikälla som är att räkna med globalt. Hur stor yta av solceller behöver vi då för att ersätta nuvarande fossila energiproduktion. Enligt IEA förbrukar varje individ på planeten cirka 15 000 kWh/år. Om all denna energi ska produceras från solceller behöver varje levande människa 100 kvadratmeter solceller. En total yta för alla 8 miljarder människor som blir 1,5 gånger Sveriges landyta. I en miljö som Sahara skulle en sådan anläggning inte störa alls! Varför är inte detta planerat redan nu och kanske fördelat i olika världsdelar för att inte få för stora förluster i ledningsnätet? Akilleshälen är fortsatt vad som är mest lönsamt. Att skrota miljarder i fossilenergi-investeringar för att satsa nya miljarder i en energiproduktion som är dyrare per kWh kommer inte ske frivilligt i en kapitalistisk värld! Dessutom har solenergi ingen jämn produktion och kan bara producera halva dygnet och mindre på vintern, där det finns en vinter. Lagring av elenergi har inte nått en storskalig lösning och det ser ut att vara många år kvar om vi ens kan lösa frågan. Dagens batterilagring måste bli mycket billigare om det ska bli ett alternativ mer än till fordon.

Vindkraft

De äldsta vindkraftverken vi kan se i vårt landskap är de bevarade vinddrivna kvarnarna. Nu ser vi tusentals andra vindmöllor men då mycket större och producerar el istället för att mala säd. Vindkraften har som nygammal teknik blivit väldigt framgångsrik i delar av världen. Speciellt på blåsiga platser med lite sol och andra billigare energislag inte så lätt tillgängliga. Om utvecklingen fortsätter kommer år 2024 vindkraften stå för 7 % av världens elproduktion. Rent teoretiskt skulle vi kunna bygga ut vindkraften till att täcka all annan elproduktion men bara när det blåser. Vindkraft är jämfört med solel ännu mer oberäknelig. All produktion av vindkraft måste alltid backas upp med lika mycket av annan elproduktion för att täcka vindstilla dagar. Solel blir då inte ett fullvärdigt alternativ eftersom det kanske är natt när det är vindstilla. Något som även är lätt att glömma är att produktionen består av elektricitet. Då måste alla energiförbrukare också klara el för sin drift. Det kan vara en framkomlig väg för bilismen men hur lätt blir det att bygga om till elektricitet för flyget och fartygstrafiken? Eller många andra energiförbrukare som industriprocesser eller som har fossil energi som ämne i processen?

Foto: Torbjörn Redlén

Vatten- och kärnkraft

Den fossilfria men inte förnybara energikällan kärnkraft slår jag ihop med den även välkända och enkla tekniken vattenkraft. De är väl etablerade och vi har stor erfarenhet av deras fördelar och nackdelar. Tyvärr är vattenkraften nästan fullt utbyggd i världen om man inte ska våldföra sig totalt på den kvarvarande naturen. Därför nämner jag inte mer kring vattenkraften för den kan inte förändra någonting för framtiden. Kärnkraften har potential att byggas ut expansivt i alla länder som har tillgång till vattendrag eller hav för kylning av anläggningarna. Grundämnet uran som energikälla verkar det finnas gott om. Även i Sverige som kanske får urangruvor i en expansiv framtid! En intressant notering är att expansionen av kärnkraft helt stannat av. Detta först på grund av olyckan i Tjernobyl. En nästan lika allvarlig i Fukushimaanläggningen tog hand om dödsryckningarna. Nu börjar diskussionen om en framtid för kärnkraften dyka upp igen. Men hur ska vi se på den alltid latenta risken med kärnkraft? Ska vi undvika riskerna i ett kortare perspektiv (vår generation) och låta bli en kraftig utbyggnad för att istället möta en långsiktig risk i den globala uppvärmningen (framtida generationer)? Kärnkraften har en mycket stor fördel i att den kan leverera energi natt som dag, sommar som vinter och vindstilla som storm. Ett komplement till den nyckfulla solenergin och vindenergin. Det krävs ett skrämmande antal nya kärnkraftverk för att ersätta fossila anläggningar och som uppbackning för vind och sol. Om vi räknar med att varje reaktor levererar 9 tWh/år behövs det närmare 13 000 reaktorer för att ersätta världens energibehov. Nu finns det endast 442 stycken.[21] Motviljan att bygga nya reaktorer med den katastrofrisk det finns vid haveri, samt den vansinniga kostnaden för en anläggning innebär att kärnenergi inte kommer bli något som förändrar energiförsörjningen de närmsta 30 åren.

---

[21] Wikipedia - Kärnkraftverk

Fusionskraft

Jag tar inte upp den som en aktuell energiform för den finns fortfarande bara på experimentstadiet. Kommer inte att göra någon skillnad på det vi behöver göra fram till år 2050. Mänskligheten klarar inte av att lösa alla gåtor och denna ser ut att bli olöst.

Biobränslen

De första energiformerna för mänskligheten var just biobränslen som ved och annat från floran. De som inte har tillgång till annan energi använder fortfarande biobränslen i flera delar av världen. Nu hoppas vi att vi kan gå tillbaka till ursprunget men är det rätt tänkt? Att ta fler landytor i anspråk för att elda med, gör att annat som produktion av livsmedel drabbas eller att vi får brist på träråvaror. Att det skulle vara koldioxidneutralt är en sanning med modifikation. Det finns många biobränslen som till exempel palmolja som inte är bättre än olja, gas och kol.[22] Det finns även en övertro på fördelarna med biobränslen. Om vi till exempel förmultnar gödsel som även är ett biobränsle kommer inte gödseln åkern tillgodo längre. Då får det ersättas med konst-

22 Naturskyddsföreningen – https://www.naturskyddsforeningen.-se/artiklar/vanliga-fragor-om-biobranslen/

gödsel vilket spär på växthusutsläppen. Biobränslen kan rätt hanterat vara en miljövänlig energiform men endast på marginalen.

Koldioxidinfångning och andra tekniker

Det som pratas mycket om men som mest finns på skisstadiet, som även fusionskraften, är tekniker för att fånga upp och låsa in koldioxid (CCS = Carbon Capture Storage). Låter för mig som rena fantasier från oljeindustrin! Det är det också till stora delar tyvärr. Samma fantasier kommer även från de politiker som hellre pratar om det som finns efter deras egen politiska karriär än som är beredda att se problemet här och nu. Ett antal testanläggningar är igång men resultatet hittills är nedslående. Det krävs mycket tillförd energi för att fånga in och komprimera koldioxiden. Dessutom sker processen i befintliga stora utsläppskällor. Koldioxiden som redan finns i atmosfären minskar inte. Därefter ska man pressa ner den flytande koldioxiden i berggrund eller gamla borrhål och dessutom hoppas på att det inte läcker ut de närmsta tusen åren. Det finns säkert skäl att vara en teknikoptimist i de flesta fall. I detta fallet går inte optimismen ihop med tidsplanen. Vi har som sagts tidigare, bara 30 år på oss! Min uppfattning och råd till dig som läsare är att ju mer någon pratar om koldioxidinfångning ju mindre intresserad är man av att lösa de verkliga problemen. Kan även finnas en dold agenda som oljeindustrins för att föra bort samtalen kring deras egen stora skuld. Andra tekniker för att producera energi växthusgasfritt eller att trolla bort den redan utspydda finns det inte så mycket av. Vågkraft är en form men verkar inte klara storskaligheten. Det är inte alla länder som har kuster till exempel. Vätgas som energibärare och energikälla nämns från och till i positiva ordalag. Tillverkningen sker genom att spjälka vatten till syre och väte. Kräver mycket energi och är inte renare än den energi som används för processen. Här ser det ut att bli rundgång i tankesättet. Att använda fossil energi som redan är en begränsad resurs för att få ut väte verkar inte vara det vi har råd med i dagsläget. Några andra revolutionerande eller mindre märkliga tekniker för att producera energi utan att göra planeten glödande av värme ser det inte ut att vi har i rockärmen. Mycket oroväckande anser jag men det är kanske inte så konstigt i sig. Vi har aldrig tidigare behövt tänka i nya banor utan satsat på det som varit enklast och billigast.

Exit olja, kol och gas?

För att lyckas på dessa futtiga 30 år räcker det inte med att producera energi i klimatmässigt vettiga former utan vi måste även helt sluta använda fossil energi som energikälla. Mycket av modern företagsretorik består av att man gör något av plusvärde för klimatet som att plantera skog i någon avlägsen världsdel. Helst så långt borta att ingen kan kontrollera att det är sant. Samtidigt fortsätta använda klimatnegativ produktion som förbränning av olja, så kallad "greenwashing" men jag skulle hellre kalla det "smutstvätt". Är det verkligen möjligt att helt sluta använda den mest energirika och billiga källorna till energi som olja, gas och kol till år 2050? Jag har tidigare tagit upp att teoretiskt kan vi producera energi klimatvänligt genom sol och vind. För att den ekvationen ska gå ihop krävs det under tidens gång att all förbränning av fossil energi upphör. Omvandling av oljeprodukter till material som plast kan fungera så länge vi inte sedan eldar upp plastsoporna. Det som måste tas med i kalkylen för en värld där inga växthusgaser släpps ut i atmosfären är alla kryphål som kan skapas under den trettioåriga resan. Processer eller verksamheter som använder fossil energi i dagsläget kommer vara motvilliga till att ändra tekniker om det inte finns några uppenbara fördelar. Politiker eller samhället i sig kan då pruta på kraven och se mellan fingrarna för det är den lättaste lösningen. Ju mer vi prutar på kraven eller döljer verkligheten i falsk statistik ju längre ifrån ett realistiskt mål är vi. Utvecklingsländer som flertalet länder i Afrika och även många i Asien som Indien har bara precis börjat bli storkonsumenter av fossil energi. Det är lätt att peka finger åt dessa i våra ögon, mindre utvecklade länder, men vi började samma resa och var lika outvecklade en gång i tiden. Energi för att vara attraktiv behöver vara lätt transportabel och flexibel så du kan använda den i många processer som kräver energi. Som i transporter på land, i luft och i hav samt industriella processer och för produktion av livsmedel. De energikällor vi tror mest på och är mest klimatvänliga producerar enbart el. Då behöver du en utbyggd distributionskedja som täcker alla delar av ett land. I otillgängliga delar av världen eller vid långa avstånd vinner den fossila energin varje gång! Även de länder som har tillgång till olja, kol eller gas vid sin dörr har nog svårt att växla över till något som blir dyrare och krångligare. I nedan tabell är de stora producenterna av olja, gas och kol. Flera länder har stora tillgångar av fossil energi av alla tre slagen. Länderna är inte i storleksordning fullt ut produktionsmässigt. Det man i första hand kan använda sammanställningen till är att kopplingen mellan en storproducent och storförbrukare är signifikant. Länder som USA, Kina, Ryssland, Kanada, Indien och Brasilien är länder med stor befolkning och en utvecklad produktion för export.

Land	**Olja**	**Gas**	**Kol**
USA	X	X	X
Ryssland	X	X	X
Saudiarabien	X	X	
Kanada	X	X	
Brasilien	X		
Irak	X		
Iran	X	X	
Kina	X	X	X
Land	**Olja**	**Gas**	**Kol**

Förenade Arab.		X	
Tyskland			X
Polen			X
Sydafrika			X
Australien			X
Indien			X
Indonesien			X

För att bibehålla konkurrenskraft vill länderna säkert exportera produkter och fossil energi fortsatt. Om resten av världen inte vill köpa den fossila energin kan man fortsatt använda den internt för att producera och exportera varor. Säkert mer konkurrenskraftigt än länder som valt klimatvänligare energiproduktion. Enda sättet att stoppa den möjligheten är att sluta handla med till exempel Kina. I stort sett en omöjlighet eftersom vi lagt ut i stort sett all produktion av produkter till Kina redan. Då har vi fortfarande en väg som är framkomlig för att vrida oss bort från den fossila klimatfördärvande energin. Att tillsammans som världssamfund (FN) oåterkalleligen besluta att fasa ut användandet av växthusgasproducerande energi till klimatvänlig. Om det är möjligt tar vi och sammanfattar längre fram i boken?

MILJÖN

Foto: Arnold Nagy, Romania

Tamdjuren

Vi har från savannens halvapor blivit planetens härskare och den djurart bland däggdjuren som har näst störst biomassa (vikt). Hela 36 % som i jämförelse med alla vilda djurs 4 % ger en skräckbild av snar utplåning av i princip alla vilda däggdjur.[23] Jag minns i min ungdom att det diskuterades väldigt mycket kring utrotningen av de vilda djuren och vad man behövde göra åt det. En diskussion som tystnat väldigt mycket i skenet av den globala uppvärmningen men hastigheten på utrotningen är fortsatt extremt hög. Upplevelsen att se vilda djur på naturkanalerna på TV har för mig varit en fängslande sysselsättning och upplevelse. Man har sett det som "äkta" jämfört med att gå i en djurpark för att se de instängda djuren. Senaste åren har min syn på naturprogrammen förändrats av två anledningar. Den ena är när man får se bakom kulisserna på hur programmen görs där det känns att det är mest modern teknik som fabricerar vackra foton mer än att det är något naturen bjuder på. Den andra anledningen är den krypande känslan att det man ser är något som nästan inte finns längre. Många så kallade vilda däggdjur förvaras och skyddas i reservat eller nationalparker vilket för mig mest känns som väldigt stora zoo. Inte så svårt att filma naturen när man bara behöver lämna det luftkonditionerade hotellrummet för att gå ut till reservatet för att filma och sedan ta en drink i baren efteråt. Industrin kring naturfilmer och naturkanaler på TV genererar under-

---

[23] The Guardian - Humans just 0.01% of all life but have destroyed 83% of wild mammals – study

hållning till oss själar som tror att det är något unikt vi ser och som är en naturlig del av vår, än så länge, vackra planet. Det är istället en ren underhållningsindustri som i slutändan vaggar in oss i att allt är som tidigare. Jag upprepar siffrorna igen. Av den totala biomassan (vikten) för alla däggdjur så har de vilda däggdjuren bara 4 %. Människan samt de tama däggdjuren har kring 75 %. Vem är det som kommer vinna den matchen om ett fåtal år och hur mycket är vi beredda att flytta på oss så de vilda djuren får livsrum igen. Precis samma beräkningar har gjorts för världens fågelarter där man konstaterat att 70 % av alla fåglar i form av biomassa (vikt) är tamfåglar och endast 30 % vilda fåglar. Fågelindustrin är extremt stor där man industriellt producerar kött från olika typer av fågeldjur i rasande takt. En takt som styrs av fåglars biologi i att växa upp väldigt snabbt från fågelunge till vuxen för att klara livet i naturen. Vi drar nytta av det för att så snabbt och billigt som möjligt få ut så mycket säljbart kött till oss alla hungriga konsumenter. Till tamfåglarnas fördel är att de föds upp i stora slutna anläggningar och kräver inte naturbete för att livnära sig. Endast mat i form av energirikt foder som odlas storskaligt. Ytan som krävs för uppfödningen blir ändå stor eftersom odlingsarealerna kräver sin plats. Monotonin i odlingslandskapen skapar dessutom ett dilemma för de vilda fåglarna eftersom det inte är naturliga habitat för dem och därmed riskerar vi att de vilda fåglarna minskar ännu mer i antal och i olika arter. Enligt en omfattande undersökning av WWF för ett par år sedan har antalet vilda ryggradsdjur minskat med 69 % från 1970 till 2022.[24] Definitivt inte en slump att tamdjuren un-

[24] Living Planet Report 2022 - WWF

der samma tidsram ökat kraftigt och även mänskligheten till antal. Människan har under de senaste 50 åren blivit dubbelt så många från kring 4 miljarder till 8 miljarder. En utveckling för mänskligheten i bättre ekonomi har samtidigt skett som gjort att vi har råd att äta mer kött i form av tamdjur. Antalet tamboskap uppgår till ca 1,5 miljarder individer vilket är lika stort antal som antalet människor på planeten kring år 1900. Alltså för bara drygt 100 år sedan. Skillnaden i att kräva naturresurser i form av yta och mat är extrem i att tamboskap som väger hundratals kilo äter många gånger mer än en människa. Utbytet från tamboskapen är i den norra delen av världen många gånger bara mjölk så länge djuren lever och kött när de avlivas. En rätt vrickad företeelse att vuxna människor konsumerar mjölkprodukter, något som bara spädbarn evolutionärt behöver få i sig. För att bedriva den här typen av lyxkonsumtion utifrån ett globalt perspektiv krävs betesmarker i stora mått, energi form av konstgödning, maskiner och till förädlingsindustrin.

50 år av detsamma

Mitt liv på landet under uppväxten var en ren lögn i att det som i första hand producerades, mjölk, skulle vara en central och viktig produkt för människans behov och välbefinnande. 70-talet var en märklig tid i många hänseenden men även kring jordbrukspolitik och sociala sammanhang. Under alla mina skolår serverades det alltid mjölk till lunchen. I den så kallade småskolan fanns det inga alternativ till dryck mer än kanske vatten. Jag trodde långt upp i åren att mjölk var drycken till alla former av måltider som frukost, lunch och kvällsmat. Häpnadsväckande indoktrinering till ett livsmedel och dryck som ingen skulle acceptera idag. Trots att tiderna förändrats är mjölkprodukter en väldigt central del av den nordeuropeiska matkulturen. Fortsatt ett livsmedel som troligtvis har ett av de största negativa miljöavtrycken som går att uppmäta. Som även verkar få nya spridningsområden i att asiater som vill leva ett liv som vi i väst också tar till sig produkten. Om vi skulle slå ut antalet tamboskap med antalet människor delar 5 människor på varje tamboskap i form av typ en ko, get, buffel osv. Hur det skulle se ut om vi skulle bo så vi hade dessa tamdjur nära oss överallt i världen är svårt att tänka sig och så är det inte i heller. Tamboskapen tar plats på de ytor där det finns betesmarker eftersom de är gräsätare. Det svenska öppna landskapet och naturbetesmarkerna som säkert beivras i andra länder också är egentligen ett falsarium framställt som en idyll. Kulturlandskapen vill man bevara och det hävdas att det har ett unikt växt- och djurliv vilket låter egendomligt när det inte är ett naturligt landskap. Ett öppet landskap är för det mesta inte naturligt för låter man naturen ta över så växer det mesta igen och kommer vara en blandning av växter, sly, buskar och träd på våra nordligare breddgrader. Inte så mysigt att vandra i eller sälja in som turistmagnet men den naturliga sanningen. På de senaste 50 åren som är de åren som jag vill beskriva utvecklingen i världen har jordens orörda områden försvunnit i rasande takt. Det är kanske svårt att se i ett land som Sverige eftersom man redan för hundratals år förändrade det naturliga landskapet till antingen ett öppet odlingslandskap eller våra skogar som stora trädfarmer. I andra delar av världen där utvecklingen tagit fart senare har till exempel världens regnskogar minskat med hälften de senaste 100 åren. Enorma ytor som troligtvis inte kommer återställas så länge människan finns och om vi inte finns, ändå tar tusentals år att bli återställd. Mycket av denna yta har omvandlats till betesmarker för boskap för att vi fortsatt ska kunna äta vår biff till helgen. Förlusten är allt det djur- och växtliv som fanns i regnskogen till gräsätande metanfjärtande köttklumpar på fyra ben. Tamdjuren som jag upplevt på nära håll under hela min uppväxt betydde mycket för det svenska och nordeuropeiska jordbruket. Det var så det såg ut på landet men intresset från min sida var nära noll och mest en notering i vilken jobbig yrkesform mina föräldrar valt, eller ärvt. Sambandet förstod man i att djur betade på sämre delar av lantbrukets arealer där det inte var lönsamt att odla annat. De gav näring till åkrarna genom deras gödsel vilket gav ett visst kretslopp i verksamheten och bättre grödor. Tekniskt fanns det maskiner till de tyngsta delarna av sysslorna på gården redan på den tiden. Att utvecklingen skulle göra att en gård som från början kunde försörja en familj med barn och en dräng eller piga till dagens situation hade man ingen aning om. Gården finns kvar men bebos av en familj som föredrar landet jämfört med stan. Inga djur finns kvar i stallar och uthus mer än kanske en hund. Åkrarna sköts av en granne som har maskiner som är så stora så alla åkerlappar blivit en enda. Produktionen av mjölk är flyttad till den enda bonde som finns kvar i området. Hans gård har fler kor än alla andra gårdar hade tillsammans tidigare. En stor omdaning men den totala produktionen av det som åkrar och tamdjur ger har ökat jämfört med det mer småskaliga som fanns tidigare. En utveckling som varit nödvändig här och i resten av världen för att vi ska försörja en växande befolkning och inget unikt exempel. Är jag ledsen för den här utvecklingen? Egentligen inte för den påminner bara om liknande utveckling inom så många andra sektorer i Sverige och runt om i världen. Det jag är ledsen över är att vi inte tar hänsyn till naturen när vi expanderar våra behov. Vi skövlar när det behövs och tränger undan det vilda i djur och växter utan hänsyn.

Vilddjuren

Motsatsen till tama djur är naturligtvis vilda djur. Om vi människor inte funnits hade det konstaterandet inte ens behövt uppstå utan alla djur varit vilda och därmed ”fria”. Att det finns fler tamdjur i form av fåglar och klövdjur än vilda var för mig en kuslig insikt. Vi som människor räknas även in som ”tama djur” för vi är inte vilda i den bemärkelsen. Bara i våra arvsanlag där vi är beredda med hjälp av reptilhjärnan anfalla andra grupper med alla tänkbara medel. För inte så många tusentals år tillbaka i tiden fanns det endast vilda djur på jorden. Resan fram till nu har både bestått i att domesticera en del av djuren samt trycka undan alla djur som uppfattas som farliga eller som tar plats eller resurser från människan. Katastrofen är redan skedd så här finns egentligen inte mycket som vi kan rädda utan att det framstår som stora reservat för utdöende arter. Tanken har funnits hos oss alltid att djurens plats är antingen vid vår sida eller inte alls! Jag ska ta er igenom en dyster bild av hur världen för våra vilda arter på land och luft ser ut och vilka framtidsutsikter som kan finnas.

Skulden

I stort sett är vi alla människor på denna lilla planet skyldiga till sakernas tillstånd, att vi snart utrotat alla vilda djur eller minskat artpopulationerna så de inte kan klara sig naturligt utan vår "hjälpande" hand. Det sistnämnda är något som inte ens jag vill finnas vid men det räcker med att gå utanför dörren för att förstå att detta är det "naturliga" normala. De få vilda större djur som vi har kvar i vårt land måste ständigt regleras genom avskjutning eller stödfodring. Den största ironin är att de som ägnar sig åt jakt tror de gör något naturligt och för naturen. Det de inte ser är att de går i ett enda stort reservat som heter Sverige och skjuter djur som aldrig fått en chans att leva ett liv i ett normalt tillstånd och i en urskog. Hela landet består antingen av brukad jord eller brukad skog som i en enda stor djurpark. Vem kan överleva ett sådant tillstånd i längden? Resan till att det mesta av vår planets landyta blivit ett slags reservat för de vilda djuren är utbredningen av den mänskliga apan Homo sapiens sapiens. Starten skedde i liten skala för flera tusen år sedan men det är skillnad från att vi var några miljoner individer till dagens miljarder. Boken blickar i första hand kring de senaste 50 åren och där kan min uppväxt vara vägen fram till dagens och framtidens situation. För 50 år sedan var situationen i flera fall allvarligare som att vi inte hade kontroll på alla ämnen och föroreningar som släpptes ut. De stora rovfåglarna höll på att dö ut i landet. Som ung jobbade jag på ett slakteri där man en gång i veckan packade delar av restprodukterna i kartongerna och skrev "Till gladorna". Jag trodde i min okunskap att gladorna var en förening eller liknande som skulle använda resterna till "vad vet jag". Bidraget från slakteriet var helt enkelt att stödfodra rovfågeln Gladan som hade mycket svårt för att klara sig. Om man ska ta ett positivt exempel så blev satsningen lyckad där fågelarten överlevde och har förökat sig rejält till nutid. Troligtvis även tack vare lagregleringar och förbud mot många kemiska ämnen. Det var en aningslös tid på 60-70 talet i vissa stycken men även ett fullt fokus på att det är människan som är herre på täppan och inte några andra livsbetingelser. Det jag kan minnas och såg ske var att landsbygden med sin lantbruksnäring skulle effektiviseras mer än tidigare. Det var inte någon större grej med hästen som dragare att det fanns ett vattenhål, bäck eller träddunge på åkrarna. Med traktorns intåg blev det plötsligt jobbigt att behöva runda alla dessa "hinder". En enkel lösning var att dika ut bäckarna och fylla igen vattenhålen så man fick rationella åkrar. Det var samtidigt dödsdomen för storken som symbolisk fågelart i södra Sverige. Den försvann kring 1950 och fortfarande kämpar man med att försöka få den etablerad igen trots att det gått 70 år. Det som försvann först vid rationaliseringarna var storkens föda i till exempel groddjur eftersom allt dikades ut. Även andra djur som småvilt fick det värre eftersom det inte fanns några naturliga skydd som skogsdungar längre. Men vem bryr sig om allt detta när vi behövde producera mer och billigare livsmedel . Som aningslös grabb hade jag svaga aningar om sakernas tillstånd och brydde mig inte, precis som de flesta andra. Redan då på tidigt 70-tal skulle jag tro att brytpunkten redan var skedd och de vilda djuren helt tappat fotfästet i stora delar av världen. Det var den ökande världspopulationen som knuffade undan arterna och platsen togs över av tamdjuren. Skogarna i Sverige i alla fall har varit odlade i flera hundra år så är du lycklig över att vandra i de svenska skogarna med en svampkorg är du blåst. Du går i det som motsvarar en veteåker fast då pratar man aldrig om att vara i naturen! För mig som växt upp i det öppna landskapet har svårt att förstå att man gör skillnad på en odlad åker och en planterad skog. Det är vi människor som skapat dessa konstlade habitat. Det är det enda som erbjuds för de få vilda djur som fortfarande finns kvar.

Apokalyps 1.0

Vad är det som gör mig så dyster över de vilda djurens tillstånd på land? Det kanske finns en nostalgisk tanke att allt borde vara orört och allt är en vildmark och den ser ut som Edens lustgård. Det finns TV-kanaler som bara har program kring djur och natur och jag tillhör de som tycker det är en fascinerande värld som presenteras. Den världen är oftast presenterad med skygglappar för vårt eget välbefinnande och för att underhållningen och behållningen blir så stor som möjligt. Hur är det egentligen i verkligheten? Det hade jag tänkt ta upp nu. Om jag åter vandrar runt i minnen från uppväxten på 70-talet så minns jag att det nämndes rätt ofta att arter utrotats som den lustiga fågeln Dronten. Den fanns endast på ön Mauritius. Fågeln som nu är en fixstjärna för utrotade djur men även för det omoderna dog ut bara 100 år efter upptäckten. Fågeln kunde inte flyga, var isolerad till en enda ö, var intressant att jaga och hade då ingen chans när den mötte den moderna Europeiska erövraren på 1600-talet.[25] Det var bara en av de djur, specifikt större och inga insekter eller kräldjur som det pratades om men även lärdes ut i skolan som ett varnande exempel på vad som kan hända när vi människor agerar aningslöst. Ett annat fascinerande exempel var Kvaggan som såg ut som en zebra i framänden men mer som en åsna i bakänden. Att jag kallar det fascinerande var för att jag och andra som yngre såg det mer som kuriosa att läsa om de djur som inte fanns kvar längre. Det fanns så många andra arter så vad gjorde det om några försvann. Den Kaspiska tigern som är besläktad med den indiska jagades hänsynslöst tills den utrotades på 60-talet. Det är nog mer tur än något annat att den indiska tigern fortfarande finns i vilt tillstånd. Den har ytterst liten chans att överleva århundradet på grund av människans fortsatta utbredning och tjuvjakt. Att det fanns en ras som utrotades under min livstid var okänt för mig fram till nu. Kanske för att den fanns i länder som Iran, Irak, Afghanistan med flera grannländer där information inte når oss i väst på samma sätt. En annan okänd information för mig är att Ryssland under 1900-talet beslutade att utrota tigern runt Kaspiska havet för att man skulle kunna odla och bosätta områdena.[26] Ovan exempel från minnesbanken är bara en bråkdel av alla

25 Wikipedia - Dront

26 Wikipedia – Kaspisk tiger

djur som utrotades under århundradena och som nämndes i skrifter och läroböcker under min uppväxt. Jag är osäker på vad denna information gav för nytta för oss i det uppväxande släktet på 70-talet. Vår generation är inte kända för att kämpa för djurens välbefinnande utan har njutit av det goda livet istället. I det dagliga livet behöver vi inte en Dront utanför fönstret, inte ens en vacker rovfågel som Gladan utan vi har skilt vårt liv gentemot naturen vi kommer ifrån. Konstigt men kanske också förståeligt. Under årtusenden har vi kunnat klara försörjningen genom att odla upp naturen och hålla djur i fållor så vi kan tillgodogöra oss det de levererar i form av mjölk och kött. En konstruktion som är helt oberoende av hur den vilda naturens regler ser ut. Så såg det ut när jag växte upp på en bondgård vilket skett på motsvarande sätt i generationer före. Att allt detta haft ett pris i att många djur- och växtarter och andra livsformer försvunnit under tiden har bevisligen inte påverkat oss negativt. Som "yngre senior" kan jag faktiskt inte komma på eller finna några bevis på att de livsformer som försvunnit inneburit några nackdelar för den moderna människan. Kuslig tanke när jag nu sitter och skriver detta! Kan vi som första art och landlevande livsform inte vara påverkade och beroende av den natur vi håller på att ta död på? Berättelsen i denna bok rör i första hand de senaste 50 åren och vad som kan hända framöver. Det är endast ett halvt sekel av en mänsklighet som vandrat på jorden i tusentals år. Den stora skillnaden är att vi aldrig någonsin gjort så stora avtryck som nu och speciellt de senaste 50 åren. Just den perioden jag och ni befinner er i. Om vi går tillbaka till just de vilda djuren som är de som är utsatta av miljarder människor. Många arter finns inte i så många exemplar som vi människor gör just nu vilket inte nämns så ofta. Men visst måste det påverka olika arter att de är färre än vi människor. Att denna jämförelse inte görs är konstigt men kan det bero på att sanningen blir desto mer obehaglig då? Som jag nämnt tidigare finns det många fler tama djur än vilda. De tama har vår omsorg och kommer finnas så länge vi behöver livsmedel eller så länge vi finns som art. De vilda har ingen "herre" mer än naturen självt så de riskerar att gå under så länge vi människor finns. Utrymmet för att existera krymper och vårt behov av att värna de vilda djuren är näst intill obefintlig. Det sistnämnda baserar jag utifrån min egen person och övriga som lever ett modernt liv där ens eget välbefinnande går före vårt ursprung. De djur jag tagit hand om har alltid varit tamdjur och aldrig något annat. Var är vi då i någon slags skala mellan planeten före människan och dagens situation. Enligt "Living Planet Report 2022" har 69 % av alla ryggradsdjur försvunnit från planeten sedan 70- talet. Läs meningen gärna en gång till. "69 % av alla ryggradsdjur har försvunnit sedan 70-talet". Ett skeende under ett halvt sekel presenteras sakligt och exakt i en enda mening. Just det halva sekel som jag försöker göra en personlig sammanfattning av i denna bok. Kanske ingen slump men även för mig som var någorlunda påläst innan jag började skriva har svårt att ta in dessa fakta. Om vi kan mäta detta nu så vill jag inte ens veta vad som skett före 70-talet. Troligtvis finns det ingen tillförlitlig fakta men bara vetskapen att det inte startade på 70-talet utan började accelerera utan kontroll då gör mig förtvivlad. Det sjätte massutdöendet är i stort sett redan genomförd. De övriga massutdöenden är helt frikopplade till mänskliga aktiviteter utan har varit händelser som till exempel meteoritnedslag som slog ut dinosaurierna som art. Inte ens de regelbundna istiderna räknas som en av de stora massutdöenden. Om vi redan är på en nivå som kan mäta sig med historiska massutdöenden kan det då bli så mycket värre?

Apokalyps 2.0

Dag till dag läggs samman och blir vår framtid. En framtid som för våra ryggradsdjur innebär en fortsatt utrotning. Om resultatet redan är så nedslående att de flesta ryggradsdjur är fortsatt hårt ansatta riskerar utvecklingen fortsätta om vi inte radikalt ändrar deras förutsättningar. Världsnaturfonden (WWF) beskriver att "omkring hälften av växterna och djuren i de mest artrika områdena riskerar att försvinna lokalt om dagens utsläpp fortsätter och jordens temperatur går mot 4,5 graders ökning". Då är detta ett påstående som inte tar hänsyn till de tidigare beskrivningarna om att nästan 70 % av ryggradsdjuren redan försvunnit utan blickar bara framåt. För mig som lekman tycker jag bedömningen är alldeles för försiktig. Först och främst har varken människor eller djur någon riktig plats på en planet som är 4,5 grader varmare. Dessutom skövlar vi och och tar allt mer landyta i anspråk som gör att djuren utrotas för det inte finns någon förutsättning för liv. Det svåra är att veta vad som är ägget eller hönan före utdöendet av just hönan. Bara planetens uppvärmning är tillräcklig för att påverka de vilda djuren i stor utsträckning enligt WWF. Med en temperaturhöjning hittills på drygt 1 grad har förutsättningarna flyttats rejält men betyder inte en större fara för djur- och växtlivet. Högre genomsnittstemperatur ger en ökad risk för utslagning men den stora orsaken är fortsatt människans påverkan. Jag klarar knappt av att räkna upp allt som vi människor är skuld till för att fördärva livsbetingelserna för djuren. Några axplock är tjuvjakt, illegal handel, markskövling, skogsskövling, städers expansion, dikning, konstbevattningsbehovet, kemikalieanvändning, försurning, fordonstrafik, ensidig odling av åkrar och skog, osv. Det finns för stunden inga vettiga debatter eller planer på vad vi ska göra globalt för att rädda de vilda bestånden av djur i framtiden. Den stora frågan är fortsatt den globala uppvärmningen där världssamfundet knappt klarar av att ta några beslut. Det är i alla fall en fråga som är global för koldioxidutsläppen stannar inte i ett enskilt land och därmed berörs alla. De radikalt minskade förutsättningarna för djuren är en fråga för varje enskilt land och finns inte på dagordningen som en viktig fråga hos till exempel FN. Några exempel på att varje land bestämmer själv är skövlingen av de Brasilianska regnskogsområdena som fortsätter som innan trots andra länders synpunkter. Tyvärr har nästan alla länder skuld i denna resa mot ett globalt utrotande. Sverige är som nämnts innan inte bättre än till exempel Brasilien eftersom i princip alla våra skogar är planterade med få varianter av träd. Ingen som helst naturlig miljö för djur och växter. Att vi ser oss som bättre är för att vi redan gjort det som andra länder nu först påbörjat. För mig ser jag ingen större skillnad på en tallskog i Sverige eller en palmoljeplantage på Borneo. Det är alltid lätt att peka finger åt andra! Med växande världsbefolkning och en ekonomisk expansion på 2-3 % per år innebär för mig en motsvarande expansion av förstörelse. Om den ekonomiska expansionen i världen är på 3 % per år i snitt ger det en förändring av resurser och därmed expansion av städer, åkrar, skogar, vattenresurser med 34 %. Omvänt så har vi haft en fatal resa de senaste 50 åren där närmare 70 % av ryggradsdjurens population försvunnit. Ska vi göra samma fatala resa in i framtiden kommer ytterligare 70 % försvinna. Troligtvis kommer kraschen ske långt tidigare och kanske under din och min livstid. Flera djurarter ligger redan på gränsen till att klara sig på grund av bristande resurser som föda och habitat. Dessa resurser behöver inte minska så mycket mer förrän en apokalyps sker. Varken djur eller människor kan anpassa sig till noll i resurser. Därför kommer vi se en utslagning av olika djurarter vid olika brytpunkter. Fler av dessa är kanske redan överskridna. Att en djurart ger upp sin existens på grund av människans påverkan märker vi inte av så mycket. När detta sker stegvis kommer vi troligtvis reagera försent som vanligt och inte förrän det mesta redan skett. I vårt dagliga liv är vi ju inte beroende av de djur som lever i det vilda. Om vi vill ha kvar en värld med en flora och fauna som på nåt vis påminner om hur det såg ut när vi människoapor blev människor behöver vi göra stora drastiska åtgärder. Om vi klarar av att vara en civiliserad art som expanderar i antal ser jag liten chans att detta kommer ske. Vi behöver fortsatt alla naturresurser som finns tillgängliga och troligtvis i större omfattning. Att då släppa åker- och skogsytor och omvandla dessa till ursprungligt skick skapar ett underskott av våra behov. I ekonomiska termer investera i något som inte ger ekonomisk avkastning ingår inte i vår världskapitalism som en realistisk idé. Räddningen är i så fall ett skydd av vissa habitat och då i större utsträckning än nu. Helt enkelt stora områden som jag vill kalla djurparker men som i fackuttryck kallas naturvårdsområde eller nationalpark. Frågan är bara om vi som världssamfund är beredda att skapa dom där just behovet är som störst. Det krockar säkert ofta med ekonomiska intressen som gruvbrytning, andra fyndigheter eller expansion av samhällen och städer. En svart bild av det som var det naturliga på vår värld en gång i tiden för inte så länge sedan har jag varit tvungen att måla upp. Jag har svårt att se att vi kommer vandra sidan om de vilda djuren som tigrar, lejon eller den svenska björnen i framtiden. Vi kommer gå i ensamt majestät som den mördarmaskin vi är och detta så länge vi själva är kungar på den döende planeten.

Skog och mark

Plattformen för vår levnad är allt det som inte är vått. Skog och mark i all dess former räcker långt för en otroligt flexibel och anpassningsbart däggdjur som människan. Vi har från Afrikas savanner kunnat kolonisera i stort sett alla typer av miljöer och landområden. Frågan är om det funnits något annat däggdjur under årmiljonerna som klarat det lika bra som vi? Hur såg det ut på vår jord innan människan fick upp farten som kolonisatörer och vad har förändrats under den korta perioden fram till nu?

Dåtid

Landytorna har inte varit koloniserade av växter och djur så lång tid om man ser till jordens ålder. För ungefär 300 miljoner år sedan börjar de första växterna få fotfäste på land och därefter led- och groddjur. I början var djuren beroende av vatten för fortplantning eftersom äggen inte hade hårt skal. När djur utvecklade ägg med skal av kalk kunde djuren spridas alltmer. Nästa steg i utvecklingen var djur med ryggrad i kräldjur, fåglar och däggdjur. En gren av kräldjuren som uppstod för 150 miljoner år sedan var dinosaurierna. Fortfarande en djurgrupp som fascinerar för oss människor. Möjligtvis för att de är utrotade och inget verkligt hot för oss? Det som skulle bli vår gren av utvecklingen dök upp för cirka 65 miljoner år sedan i däggdjuren. En art som är varmblodig och föder levande ungar. Tidigare djurgrupper lade oftast ägg och var kallblodiga. Under alla dessa årmiljoner utvecklades även växtligheten från enklare ormbunkar till en otroligt stor variation av arter upp till stora träd. Många av djuren drog nytta av mångfalden både som föda och som skydd för sin överlevnad.[27] Precis som utvecklingen i haven var utvecklingen på land enligt Darwins evolutionsteori. Landområden hade den flora och fauna som var möjlig utefter klimat och miljö. Den mest varierade var i de tropiska områdena där allt som moder jord kunde frambringa kunde få en plats och överleva. Allt från växter och träd till insekter och stora rovdjur. Andra platser som öknar var en död plats, även för livet till stora delar. Historien pekar väldigt tydligt ut förutsättningarna för ett naturligt djur och växtliv på planeten. Det går inte att fuska förbi de lagar och regler som livet måste förhålla sig till. Platser med brist på värme, vatten eller andra förutsättningar har även en mer begränsad flora och fauna. När förutsättningarna är optimala är det ett överdåd som kan leva parallellt med varandra. Även om mycket av växtlighet och djur har sina fiender är det symbiosen däremellan som gör att det mesta finner sin plats ändå. Det har vi även gjort en gång i tiden när vi utvecklades från de första däggdjuren till den apa vi fortfarande har släktskap med. Naturen accepterade vår plats i Darwins värld. Så pass framgångsrikt så vi gick vår egen väg.

---

[27] Bill Bryson – En kortfattad historik över nästan allting

Nutid -50

Uppväxten som jag haft i de norra delarna av världen kräver mer av oss som levande varelser än kring ekvatorn. Året består av årstider som både är otroligt gynnsamma men även en slags naturens död i vintrarna. Mina förfäder vandrade norrut i samma takt som inlandsisen smälte bort efter den senaste naturkatastrofen på den norra hemisfären. Absolut inget hade överlevt den söndermalande isens framfart. Allt skapades på sätt och vis på nytt men i en tid som var väldigt gynnsam. Efter istiden var klimatet klart varmare än nu vilket gjorde att naturen hämtade sig snabbt. Allt det jag kan se genom fönstret ute i naturen är skapat på bara 10 000 år. Redan när vi vandrade mot norr hade vi lärt oss att klara ett klimat som inte alltid var gynnsamt. Föda fanns det i jakt och fiske både sommar som vinter. När vi sedan blev bofasta kunde vi lagra mat i en sådan omfattning så alla inte behövde göra samma sysslor. Årtusendena avverkades men förutsättningen var den samma nästan ända fram till nutid. Allt som behövdes i föda måste skapas på plats. Handel med andra länder är ett nutida påfund som bara funnits i århundraden. Vad skog och jord gav var en förutsättning. I denna slutstation av levnadssätt föddes jag. På 60- och 70-talet var självförsörjningsgraden i Sverige 100 %. Det fanns på landsbygden fortfarande en syn att mycket skulle produceras på plats. Även kycklingen på fredagen eller äggen till frukosten. En stor orsak till att Sverige var självförsörjande var erfarenheterna från andra världskriget som fanns i de flestas minne fortfarande. Minnet är kort vilket kan vara en stor nackdel många gånger. Nu har vi en självförsörjningsgrad på endast 50 %. Rent teoretiskt innebär det att skulle vi få en kris eller stort krig som hindrar importen kan vi bara föda halva befolkningen. Orsakerna till dagens läge är flera men jag har själv sett utvecklingen som en fördel tidigare. Handel mellan länder gynnar oss och ger oss produkter med lägre pris. Den mycket hårt styrda jordbrukssektorn före inträdet i EU var i mina ögon inte mycket bättre än kommunism. Det vi förlorade på vägen var en samhällelig plan på hur vi ska ta hand om befolkningen om det liberalkapitalistiska samhället inte fungerar längre. Som det definitivt inte gör i ett krig. Eller i framtidens klimatkriser. Hur har vi då förvaltat denna gåva som finns i flora och fauna? Mycket kan ni läsa om i andra kapitel kring våra vilda och tama djur. Det som vi varit väldigt bra på är att klara försörjningen till en allt större världsbefolkning. Det har inte brutit ut några extrema hungerkatastrofer som vissa målade upp på 70- och 80-talet. Fördelningen är fortsatt orättvis där vissa som vi i den gamla världen bara blir mer överviktiga på grund av för stor tillgång till föda. I andra delar av världen ligger man på svältgränsen. Vi har lyckats omvandla stora arealer till effektiva produktionsytor i både åkrar och skog. Den utvecklingen kommer inte stanna här och nu eftersom vi fortsatt blir allt fler och hungrigare, samt fetare!

Nutid +-0

Vi har på våra domäner påverkat i stort sett allt växt- och djurliv som finns på planeten. Skogar har omvandlats från naturliga regnskogar till plantager med samma typ av träd för att produktionen ska bli så hög som möjligt. Vi har dämt upp floder och sjöar för att antingen få mer yta att odla på eller för att leda om vattenvägarna. Vi odlar på i stort sett alla tillgängliga ytor som funnits att uppbringa. Vad finns då kvar av naturen? I stor sett inget som är helt naturligt. I en sådan miljö som förändrats så radikalt under ett fåtal år historiskt sett ska vi försöka dra slutsatser kring vårt agerande. Är det ens möjligt? Förändringen av de knappa 30 % av planeten som är land påverkar klimatet på något sätt. Risken är att det inte bara är till det positiva. Med den form av energi vi funnit så enkelt under ytan har vi haft möjlighet att snabbt skapa en annan planet på denna knappa tredjedel av jorden. Vad det medför för planetens klimat- och vädersystem ovanpå alla övriga påfrestningar som koldioxidutsläppen är en räkneövning som är nog så svår.

Framtid

I tidigare kapitel har jag berättat om den radikala förändringen av djurlivet i hav och på land. Det som även har förändrats är växtligheten som på sätt och vis även gått från vilt bestånd till ett ”tamt”. Av den totala markytan på jorden används drygt en tredjedel för jordbruk. Mycket av den övriga ytan är öknar, is, skogar samt gräsmarker. Av denna dryga tredjedel är det tre fjärdedelar som används för att föda upp boskap. Både för kött och mjölkprodukter. Övrig yta används för spannmål, frukt och grönsaker.[28]Behovet av mark för uppfödning av boskap och odling av spannmål ökar med ökande världsbefolkning. Räddningen har varit uppfinningen av kvävegödselmedlet. Haber-Boschmetoden som den kallas består i att använda naturgas för att fånga kvävet från luften. En energikrävande process som förutom koldioxidutsläpp orsakar kväveoxidutsläpp samt bildande av lustgas. En gas som är en av de farligare växthusgaserna. Världsproduktionen av livsmedel nära tredubblades på 40 år men den uppodlade ytan ökade endast med 10 %. Mycket tack vare kvävegödselmedlet. Vi nådde nyligen en magisk gräns i att vi nu är över 8 miljarder människor. Om alla tillkommande vill ha ett liv som västvärldens med näringsrik mat och kött på tallriken kommer behovet av mer odlingsbar mark, kvävegödsel och vatten bara att öka. Det är ingen slump att Brasiliens regnskogar huggs ner. Perfekt yta för betande djur. Det är ej heller en slump att Borneos regnskogar huggs ner. Perfekt yta för oljepalmsplantager. Två helt logiska aktiviteter ur ett mänskligt behov. Mer mat på bordet. Konsekvensen är förlusten av snart alla stora regnskogsområden! Den befintliga odlingsbara marken försämras för varje år. Ett exempel är att USA mist en tredjedel av matjorden sedan landet koloniserades. Hittills har detta

[28] Tony Jupiter – Vad händer med vår planet?

vägts upp av effektivare odlingsmetoder och kvävegödsel. Ett annat exempel är att måttlig till hög markförstöring påverkat områden lika stora som USA och Mexiko tillsammans.[29] Mer av detta kommer vi få se framöver för odlingstekniken är inte hållbar. Vi plockar ut från den odlingsbara marken mycket mer än vad som tillförs. I många fall har åkermarken bildats under många årtusenden av växter, mikrober och förruttnade delar. Det hade varit över för mycket stora åkerarealer om vi inte tillfört konstgjord andning i form av kvävegödsel, fosfor och andra mineraler till den utarmade jorden. Det finns i stort sett inga mänskliga aktiviteter som inte påverkar vår natur. Även så när det gäller kvävegödseln. Vid produktionen frigörs 3-11 kg koldioxidekvivalenter per kilo kvävegödsel.[30] Omräknat till världsproduktionen blir utsläppen till atmosfären mellan 300 till 1 100 miljoner ton koldioxidekvivalenter. Som jämförelse hade Sverige en koldioxidbelastning på 48 miljoner ton CO2 ekvivalenter år 2021. Tyvärr har även matproduktionen ett antal stora klimatavtryck förutom avtrycket i all fysisk förändring av landytorna. Mänskligheten står långt ifrån en Edens lustgård! Skogen som vi känner är antingen den kultiverade skog som vi har här i Sverige, artfattig och planterad enbart för våra behov. Alternativt den bild av en jungfrulig vildmark i regnskogen eller andra skogar långt bort från oss och även verkligheten. Det finns i stort sett inga naturliga och genuina skogar kvar. Även i Sverige kan vi fortsatt inte

---

[29] Tony Jupiter – Vad händer med vår planet?

[30] Naturskyddsföreningen - https://www.naturskyddsforeningen.-se/artiklar/problemet-med-konstgodsel/

låta bli att skövla de sista resterna av urskogen. Endast 0,3 % av vår skog klassas som urskog och är ursprunglig ända bort till den senaste istiden.[31] Inget att skryta med och definitivt ingen anledning att peka finger åt andra länders skogspolitik! Så mycket som 90 % av livet på land finns i skogarna. Skövlingen och omvandlingen av urskogarna till plantager har inneburit att hälften av alla ursprungliga skogar har försvunnit och detta koncentrerat kring de senaste 50 åren.[32] Regnskogarna som breder ut sig på mindre än 7 % av landytan har uppemot hälften av alla arter som finns på land. Vi vet inte ens riktigt hur många och vilka. Skövlingen har ökat de senaste åren och kommer fortgå så länge befolkningen ökar i dessa områden och att det finns ekonomiska intressen. Blir vi av med regnskogarna förlorar vi alla växter och djur som levt där, även de vi ännu inte upptäckt. Det går aldrig att reparera och kommer tillhöra forskningen om det förflutna. Precis som dinosaurierna.

Omvandling av skogar till öppna ytor för betesmarker eller odling öppnar upp för en minskad koldioxidbindning. Dessutom förändringar i klimatet som innebär större områden av savann och öken. Framtiden har ingen gudomlig trädgård att erbjuda utan mer en steril öken!

---

31 Forskning.se - https://www.forskning.se/2020/08/10/dofter-av-slojar-vilken-skog-som-ar-viktigast-att-bevara/

32 WWF - https://www.wwf.se/skog/varlden/

Haven

Jordens yta består av 70 % hav vilket gör att vi nästan 8 miljarder människor måste trängas på de återstående 30 % som är landyta. Dessutom är inte all landyta beboelig vilket gör den möjliga ytan klart mindre. Allt detta kan ni läsa om i kapitlet kring vår tillgång till landyta. Enligt uppföljande fakta de senaste 50 åren har livet i havet förändrats radikalt och troligtvis mer än under de senaste istiderna. Men vad har det med livet på land att göra för vi är inga fiskar och vattnet är vått! Jo, faktiskt mycket mer än vi anar och vill veta. Livet uppstod en gång i haven och det vi lever på är en rätt ny lösning för livet på planeten. Att liv kunde transformeras från att andas syre i vattnet till syret i luften är förutsättningen. Hade det inte funnits syre i atmosfären hade det bara funnits liv i haven. Det är väldigt lätt för oss landkrabbor att glömma vårt ursprung och se haven som en väldigt praktisk källa till föda och bli av med vårt överflöd av skräp. En syn som håller på att ta död på haven och därmed vårt ursprung vilket jag kommer ta upp i detta kapitel.

Livets källa

För så där några miljarder år sedan och mer exakt ungefär 4, började planetens vatten samlas i större områden som påminner om dagens hav. En studie kring meteoriters innehåll har visat att de kan innehålla uppemot 15-20 % vatten vilket man bedömer jorden ursprungligen också bestått av. Detta tillsammans med ett bombardemang av kometer har tillfört det vatten som vi nu lever kring. Genom vulkanisk aktivitet frigjordes jordens inre vattenånga tillsammans med kväve och koldioxid och vattnet kondenserades till flytande vatten. Fritt syre i vattnet uppstod inte förrän fotosyntetiserande liv etablerades för 3,5 miljarder år sedan.[33] Livet började i haven och tagit en otrolig resa från de första enkla cyanobakterierna som hade förmågan att med fotosyntes producera fritt syre. Syre som efterhand gav upphov till vår atmosfär. Bakterierna finns även i nutid men övriga djurarter är en utveckling från de första encelliga arterna med DNA-sträng till de mest komplexa arter som kan hittas i djupen. Haven har den största artrikedomen vilket kanske inte är så konstigt eftersom det första livet på land inte uppstod förrän 3 miljarder år efter det första livet i haven. När det till sist lossnade utvecklades växt- och djurlivet väldigt snabbt i haven med start i nära samband med att de första växterna och djuren kravlade upp på land. För 500-600 miljoner år sedan och fram till nutid har både livet i haven och på land utvecklats i alla möjliga riktningar och former, både de som vi kan se och inte kan se samt förstå eller inte begriper alls. Trots fem större massutdöenden som vi registrerat från knappt 500 miljoner år sedan till det senast kända för 65 miljoner år sedan har både livet på land och hav lyckats återhämta sig. Det som vi nu lever i och som jag beskriver i denna bok som det sjätte massutdöendet kommer växt- och

---

[33] Havet – Illustrerat Uppslagsverk (Globeförlaget)

djurlivet även klara av. Det är värre med oss själva. Vår självpåtagna nonchalans mot det som vi inte bryr oss om som haven kommer att drabba oss själva hårdast.

Glädjekällan

Havet har alltid fascinerat människan av olika anledningar. Från början var det en barriär och något främmande som man inte kunde ta sig över eller ens förstå vad som fanns däri. Efterhand började vi inse möjligheterna som att kunna flyta runt på haven med våra konstruktioner för att nå andra landmassor. Ta fram verktyg för att få upp den näringsrika föda som vi lätt kunde omvandla till energi i våra kroppar. Haven märkte knappt av denna påverkan de miljoner år när vi var ett av många däggdjur som vandrade på planeten. Även så nära vår nutid som för 1000 år sedan var inte vårt avtryck större än att haven lokalt påverkades en aning. Man kan säga att havens universum kunde fortgå som det gjort miljarder år tidigare. Människan kunde samtidigt glädja sig åt skönheten i havet som visuell betraktelse och allt det vackra som vi fann därnere som korallrevens växt- och djurliv. Denna symbios tog en dag slut och det i ett abrupt sätt. På bara hundratalet år har vi skaffat ett helt annat begär till det livgivande vatten som omringar alla kontinenter. Vi använder haven till allt som det går utnyttja till som överbelastad transportled för allt det vi eftertraktar i material och energi. En renodlad soptipp för att bli av med det som inte får synas på land. En födokälla som man slipper odla eller föda upp utan bara att fiska upp!

Källan sinar

För att jag själv bättre ska förstå den radikala omdaning av "Det stora blå" som skett måste jag gå tillbaka 50 år i mitt eget liv. I ett tidigt 70-tal ute på den skånska landsbygden kom en fiskhandlare körandes varje vecka och sålde sin relativt färska fisk till oss och grannarna. Det som erbjöds var nog flera typer av fisk men min mor köpte oftast sill och torsk. Vi hade för att bo en bit ifrån kusten ofta torsk till middag för det var en billig och god fisk. Som jag kan minnas fanns det ingen diskussion kring brist på tillgången av fisk och ej heller något kring den miljökatastrof som Östersjön senare skulle drabbas av. Egentligen en lycklig omedvetenhet kring att torsken senare skulle bli en "lyxfisk" och att beståndet av sill i Östersjön som var en skräpfisk en gång i tiden nu är obefintlig. Vad som skett i ett innanhav som Östersjön sker även i stor utsträckning i andra mindre hav som Medelhavet. Hur ser då resan ut för det hav som jag sett som nästan oändligt en gång i tiden när man blickade ut över kusten? Vårt innanhav är naturligt sårbar genom att inflödet av vatten från Atlanten sker genom några trånga sund samt att många länder angränsar till havet. Dessutom är vattnet bräckt genom att utflödet från landmassorna spär ut saltvattnet. I denna spädning kommer vårt sätt att bli av med ”skiten” genom att allt mer eller mindre renat och orenat avloppsvatten även rinner med och ut i det trånga innanhavet. Syrebrist och döda bottnar uppstår på grund av övergödning och därmed syrebrist på stora områden av havet. Hur ska något liv kunna stå ut med sådana förutsättningar? Ovanpå allt det här har ett rovfiske skett sedan den tiden jag åt torsk varje vecka i min barndom. Jag kallar det inte mindre än ett rovfiske trots myndigheters och politikers försök till styrning av fisket under många år. Som det ser ut nu finns det inget skäl att värna om fiskerinäringen i någon av Östersjöländerna. Den näringen borde läggas ner helt och hållet för att Östersjön ska ha någon som helst chans att hämta sig. Vi behöver inte de sista stackars magra och sjuka torskarna och sillen i ett hav som redan nått sin egen likvaka. Det andra problemet är alla utsläpp som sker rätt ut i innanhavet. Även om vi i vissa länder har en rätt bra avloppsrening så har vi ingen rening på de floder och åar som rinner ut i havet. Den tillförsel av gödnings- och näringsämnen som följer med vattendragen är i storleksordningen 1 miljon ton kväve och 30 000 ton fosfor.[34] Mer än dubbelt så mycket som för 100 år sedan och detta trots väldigt stora insatser för att minska övergödningen. Det är enbart vi 90 miljoner individer kring Östersjön som orsakat ökningen och inget som har med naturens naturliga nycker att göra. Om vi ändå i denna del av världen har rätt bra lagstiftning kring Östersjön genom EU:s försorg och även har kunskap och kapital

34 https://www.wwf.se/hav-och-fiske/ostersjon/overgodning-och-algblomning/

för att förbättra förutsättningarna är det mer nattsvart på andra håll på den blå planeten. I dagsläget är endast 1 % av världshaven skyddade områden. Så mycket som 3 miljarder människor får sitt protein från fisk och skaldjur. [35] Om så många människor är beroende av fisket även i framtiden kommer haven snart vara tömda från allt som går att äta eller fiskas upp för att odlad fisk ska äta för att vi sedan ska kunna äta. FN:s jordbruks- och livsmedelsorgan bedömer att 90 % av världens fiskbestånd är överfiskade eller maximalt utnyttjade. Med en ständig befolkningsökning har vi snart nått 100 % och därefter kommer det bara att gå utför med allt det marina livet. Haven är hårt trängda av den globala uppvärmningen och koldioxidutsläppen. Uppvärmningen av haven har fördubblats sedan 1993 och korallreven kommer att helt försvinna när vi når en temperaturökning av 2 grader. [36] Vad det betyder för det totala marina livet är det nog ingen som riktigt kan se än eftersom korallreven påverkar övrigt marint liv i stor utsträckning. En sak är säker. Det blir endast i akvarieanläggningar som framtida generationer kan uppleva livet i korallreven. Eller som datoranimeringar på sin bildskärm. Kanske inget som spelar roll för mänskligheten där och då för vi har en bedrövlig förmåga att glömma och blunda för vad vi själva åstadkommit.

---

[35] https://www.wwf.se/hav-och-fiske/wwf-och-fiske/

[36] https://www.naturskyddsforeningen.se/artiklar/4-utmaningar-for-varldens-hav/

Källan förorenas

Den stora befolkningsökningen sker inte i Europa utan i Asien men kusterna har alltid samma begränsning så fler individer per längdmeter kust kommer påverka växt- och djurlivet ännu mer än i Östersjöområdet. Med 4,4 miljarder invånare på en väldigt stor kontinent men ändå alltid en avgränsning till någon form av hav kommer miljöförstöringen att bli allt värre. Asien har än så länge inte en så utvecklad ekonomi som Östersjöländerna men utvecklas mycket snabbt i dagsläget. Ekonomisk utveckling innebär oftast en större påverkan på naturen som haven. En ny studie visar att upp till 95 % av det plastavfall som hamnar i världshaven kommer från endast tio flodsystem, varav två i Afrika och åtta i Asien.[37] Det är bara en liten pusselbit i vad som sker i länder som snabbt vill ta sig till västvärldens standard. En annan studie visar att 90 procents av allt skräp som flyter på havets yta är plast.[38] Vi gjorde samma resa för 50 år sedan när miljöförstöringen i Sverige började bli besvärande märkbar. Kampanjer på 70-talet minns man som ”Håll Sverige rent” som jag som tonåring uppfattade som mest ännu en statlig kampanj men som hade ett allvarligt budskap. Vi uppförde oss precis som andra länder gör i dagsläget där man får allt mer tillgång till billiga produkter som plastartiklar men har inte ”uppfostrats” att plocka upp

---

37 https://timbro.se/smedjan/plasten-i-havet-ar-allas-ansvar/

38 Tony Jupiter – Vad händer med vår planet?

skräpet. Dessutom finns det ingen sophantering à la västvärlden att tillgå i heller. Deras resa kan också ta 50 år men vi i Sverige är trots resan fortfarande långt ifrån perfekta. En av de mer besvärliga och märkliga semesterresorna för min del var två veckor på den Vietnamesiska ön Phu Quoc för några år sedan. Vietnam, som först och främst är en rätt vämjelig militärdiktatur har under de senaste decennierna utvecklats till en ekonomi som matchar flera andra Asiatiska länder. En av satsningarna är turism och då speciellt till ön Phu Quoc. Min upplevelse av vistelsen går visst fortfarande läsa i en av Sveriges största kvällstidningar och den var för det mesta inte angenäm. Havet som vi hade några meter från vår bungalow var en enda illaluktande kloak. Man snubblade på avloppsrören som rann ut i havet när man gick på stranden. Att elda upp sopor i det fria var en vanlig syn och snabb fix så vi turister inte skulle bli för besvärade av sophögarna. Stränder utanför turistområdet bestod av plastskräp istället för sand. Det är lätt att dra för stora växlar på en vistelse på någon vecka i en kontinent med över 4 miljarder människor men jag är övertygad om att det jag såg är den framtid vi har framför oss om det inte sker något radikalt inom snar tid.

Nekrolog över livets källa

Kan man göra ett eftermäle redan nu om något så stort som livets källa, haven? Jag anser det för det som funnits i miljarder år kommer bara vara en spillra om fåtal decennier. Vi som kloka och stolta människor kan naturligtvis fortsatt hävda att vattnet finns och det i mängder. Men då ser vi bara just ytan i något som är så djupt rent metaforiskt så vi vet inte ens vad som finns däri. Vi hinner förstöra vårt ursprung innan vi utforskat det. Det finns en risk att vi vet mer om världsrymden än haven innan allt är förstört. De globala utsläppen i växthusgaser samt andra giftiga ämnen, utfiskningen, globala uppvärmningen samt många andra mänskliga aktiviteter är en cocktail som angriper haven både på ytan och på djupet. Försurningen som är orsakad av koldioxidutsläppen är en stor pusselbit som vi inte sett de riktiga konsekvenserna av. Utfiskningen är en annan pusselbit som gör att havens liv bryts ner i en sådan takt att det inte hjälper att upphöra med det ena när vi behöver upphöra med allt.

Förlåt för min skuld i ditt frånfälle som bestått av att leva ett västerländskt välfärdsliv i sex decennier. Det har varit ett fantastiskt liv men på din bekostnad som källan till mitt liv. Hoppas din död inte blir för smärtsam utan du får uppleva de sista sekunderna av planetens långa liv med himlens färger speglande i dig. Ditt minne kommer finnas kvar som en smutsgrå flytande transportled för mänsklighetens fortsatta resa mot en död planet!

Vatten som källa

Vatten är livets ursprung och haven är det som gränsar till alla landytor där vi finns. Men vad hjälper det oss för havsvatten kan vi inte dricka som det är. Vore det så hade vi inte haft ett problem till att hantera i den framtid vi går mot. Hur kan det vara en sådan ironi att det som det finns mest med är oanvändbart. Men får vi inte i oss det i rätt form dör vi väldigt snart.

Vatten som fakta

Jorden består ju av mest havsyta. Vi människor har verkligen dragit nitlotten att bara kunna vistas på land samtidigt som vi inte tål det salta vatten som finns i överflöd! Orsaken är att så gott som alla landlevande varelser är uppbyggda av vatten till 60 % men vätskan som vi behöver för att hålla igång våra system klarar inte av att hantera salt vatten i så höga doser som havets vatten. Havsvatten innehåller i snitt 3,5 % salt men vi människor klarar bara att göra av med 0,5 % salt.[39] Det är bättre att låta bli att dricka saltvatten än att göra det om du är törstig. Kroppen får obalans och torkar ut eftersom den inte klarar av att koncentrera saltet i urinen

39 Lunds Universitet - https://www.djur.cob.lu.se/djurartiklar/Saltvatten.html

mer än vad saltvattnet innehåller. Det finns arter som sjöfåglar som kan dricka saltvatten för de har körtlar som koncentrerar saltet och släpper ut det vid ögonen. Benfiskar i haven "dricker" också vatten men har löst problemet genom att släppa ut överskottssaltet genom gälarna. Tur är väl det tänker jag och säkert du också. Vi hade nog inte ätit någon fisk alls om fisken innehållit 3,5 % salt! Sjölevande fiskar dricker inget vatten alls eftersom de inte förlorar någon vätska. Fiskar i haven förlorar kroppsvätska på grund av osmos. Människor är varken salt- eller sötvattensfiskar men har sitt ursprung därifrån men anpassats till en varelse som enbart kan klara sig på sötvatten. Snopet! Då det inte är så vanligt med just osalt vatten har vi ett litet problem. Den blå planeten har gott om vatten men i flytande drickbar form för oss är vi helt beroende av att det regnar. Då först blir vatten fri från salterna och kan därefter falla ner i håligheter som blir sjöar. De flesta landytor får regn och kan då rinna vidare ner i jorden och samlas där. Floderna mellan landytor, sjöar och mot färdens slut i haven är även vår räddning. Av allt vatten som finns är det bara 2,5 % som är sötvatten (färskvatten) och av den mängden är 99 % uppbundet i is och grundvatten. Det som vi lätt har tillgång till i insjöar, och ytvatten i andra former samt grundvatten är endast 1,2 % av sötvattnet och 0,032 % av allt vatten.[40] Det är lätt att bli smått förtvivlad när sådan fakta presenteras. Som ni förstår är vi lite grann på hal is i våra möjligheter att ens överleva eftersom vatten är helt avgörande om vi ska klara oss. Trots mängden människor har vi hittills klarat av att lösa vattenfrågan vilket förvånar mig en del när man ser fakta. För-

[40] Wikipedia - Sötvatten

brukningen av de oändliga resurserna är intressanta. Oändliga kallar jag dem genom att jorden ständigt producerar nytt sötvatten genom regn. Källan tar inte slut men kommer den att räcka? Vi förbrukar i världen 4 triljoner kubikmeter vatten varje år. Nästan en fördubbling på 50 år men då har världsbefolkningen också ökat rejält. Tyvärr regnar det inte mer på jorden nu än tidigare. Siffran säger inte så mycket i sig. Om vi räknar om till olika sektorer kanske det klarnar. Av hela vattenförbrukningen används 70 % inom jordbruket, 20 % inom industrin och bara 10 % till våra personliga behov. Bedömningen är att det totala behovet kommer öka med 20-30 % fram till 2050.[41]

Vatten som brist

Bristvara har säkert sötvatten varit från och till under årtusenden. En av världens största städer kring vår tideräkningsbörjan, Rom, behövde försörja nästan 1 miljon människor med färskt vatten varje dag. De berömda akvedukterna var en viktig lösning. En annan att man byggt staden vid floden Tibern. Om inte lösningarna funnits hade staden aldrig blivit så stor och mäktig. Problem med vattenförsörjningen kunde jag uppleva redan under min uppväxt. Som ni vet var mina föräldrar lantbrukare med djurhållning. Då krävs det

41 Our world in data - https://ourworldindata.org/water-use-stress#global-freshwater-use

stora mängder vatten för djurens behov. Någon konstbevattning fanns det inte och det fanns inga förutsättningar för det i heller. Någon gång under mitten av 70-talet räckte inte de grävda brunnar som fanns på gården. Kanske i kombination med torra somrar tog vattnet slut. En tillfällig lösning var att hämta vatten hos en granne. En ohållbar situation i längden. Förutsättningarna att gräva nya brunnar prövades men gav inte tillräckligt. Gården i sig ligger högt i landskapet så några bäckar eller dammar fanns inte att tillgå. Magasineringen av regnvatten i grävda brunnar var helt enkelt inte tillräcklig. Min far bestämde sig för att göra en djupborra. Det är ungefär som att borra efter olja tekniskt sett men det är för livets skull, det mycket mer viktiga vattnet man letar efter. En firma tog på sig jobbet men det visade sig att grundförutsättningarna inte var de bästa. Så långt som 100 meter ner i den skånska myllan fann man till sist vatten. Tyvärr var vattnet inbäddat i mineraler så det luktade svavel och var extremt salt för att vara en grundvattenkälla. Vattnet var i vilket fall tjänligt så djuren kunde få obegränsade mängder av det. Min mor som älskade blommor som pelargoner vattnade dessa med samma vatten. Några månader senare var så gott som alla blommor döda. Det tog en tid att förstå orsaken men när den infann sig var det bara till att bygga om systemet. Hushållets vatten fick fortsatt bli från den grävda brunnen och ladugårdens djur fick dricka från den borrade brunnen. Från och till undrar jag fortfarande hur nyttigt det var för djuren att få i sig så pass salt vatten? I modern tid stöter man lätt på vattenbristen bara genom att resa på semester. Spaniens solkust vid Alicante har redan problem. När jag var där sist stod det anslag i badrummet på hotellet att man skulle spara på vattnet. Detta i ett modernt europeiskt land. Det räcker till och med att gå så kort som till Gotland här i Sverige för att finna vattenbrist så det är ett universellt problem. Tyvärr är vi inte som kameler så vi kan lagra vatten för långliga tider. Det tar inte så många dagar utan vatten förrän vi börjar riskera livet. Då gäller det bara det vatten vi själva behöver. Om bristen även gäller för livsmedelsproduktion har vi ett mer långsiktigt problem som gäller vår överlevnad i längden.

Vatten som vapen

Tillgången till vatten är redan och kommer bli ännu mer ett maktmedel i framtiden. Oftast är tillgången gemensam som floder som rinner genom flera länder eller sjöar som delar upp länder eller regioner. Det uppenbara att ett land uppströms förbrukar det vatten som rinner i floden gör att andra länder och områden inte får tillgång till resurserna kan starta nästan vad som helst. Allt från hungersnöd, flyktströmmar till krig. Hittills har vi inte haft några stora konflikter kring just detta men det lär komma. Under de senaste 20 åren har konflikterna ökat och mellan 2017-2021 en klart tydlig ökning. Klimatförändringarna lär vara en av de viktigare orsakerna till ökningen.[42] Så länge energi är en vik-

[42] Expressen - https://www.expressen.se/nyheter/vatten-bakom-allt--fler-krig-i-varlden/

tigare faktor än vatten för att hålla igång ett samhälle kommer vi inte uppfatta det som det stora problem som det egentligen alltid varit. Var den första stora konflikten kommer att börja är höljt i dunkel. En inte så kvalificerad gissning är där bristen redan är påtaglig och länderna som är berörda långt ifrån demokratiska. Hela Mellanöstern ligger i farans riktning och även stora delar av Asien. Konflikter kring vatten finns redan i Afrika men oftast på en lägre skala och mindre intressant för den rika världen. Olja som påtryckningsmedel har varit väldigt effektiv. Redan oljekrisen på 70-talet visade det och kriget mitt i Europa, invasionen av Ukraina har ställt energiförsörjningen på ända. Vad kan då inte tillgången till vatten orsaka lokalt? Det är lokalt som striden kommer stå för hittills har man inte börjat transportera färskvatten runt jordklotet som man gör med olja och gas. Värdet per kubikmeter är för lågt än så länge. Konfliktlinjerna uppstår lokalt men konflikten kan lätt sprida sig och till sist har alla glömt vad som var den tändande gnistan. Det vi behöver göra rätt snart är att billigt omvandla obrukbart vatten till användbart sötvatten.

Vatten som oändlig källa

Om jag hade lyckats komma på hur man kunde omvandla salt havsvatten till färskvatten jättebilligt hade jag kunnat bli rikare än Jeff Bezos (Amazons grundare). Jag hade dessutom tillfört världen något mer än en massa skräp som skickas runt världen i en massa kartonger. Vi har ju ingen brist på vatten på vår blåa planet. Det är bara innehållet i vattnet som ställer till problem. Om saltet kunde lätt tas bort har vi oändligt med livets källa. En lösning som många sökt i tusentals år. Vi skulle till och med kunna transportera vattnet i pipe-lines motsvarande gasen mellan Ryssland och Tyskland. Vilka sätt finns det egentligen för att avskilja vatten och salt? Den mest självklara är den som naturen förser oss med varje dag. Avdunstning av flytande vatten till vattenånga som sedan omvandlas åter till vatten men då utan salt. Det som naturligt sker i atmosfären och regnar på oss då och då. Vattnet i sin bästa form från himlen är helt ren från salter och mineraler, som destillerat vatten. En annan metod är något som heter omvänd osmos. Det innebär att man med ett yttre tryck pressar vattenmolekylerna genom ett membran. Vattenmolekylerna far igenom membranet men mineralerna stannar kvar. Det krävs ett tryck på 40-80 bar som innebär att det är relativt energikrävande.[43] Energin per kubikmeter har sjunkit under årens lopp och ligger nu kring en energiåtgång på 2 kWh. Avdunstning genom uppvärmning kräver naturligt mycket mer energi och lär aldrig bli en lösning för storskalig drift. Ovan var faktiskt de enda två metoder jag fann när jag sökte svar på min fråga. Två tekniker där omvänd osmos bara är 60 år gammal men destillering kunnat göras i hundratals år. Om vi ska lyckas förse världen med mer användbart vatten räcker inte detta. Vattnet blir så dyrt med osmos-tekniken att det är bara som dricksvatten det är lönsamt att producera. Till industri och

[43] Wikipedia – Omvänd osmos

jordbruk går det inte att få produktionen lönsam i dagsläget. Det omvända att rena nedsmutsat kan vara en framkomlig väg för jordbruk och industri. Avloppsvattnet renas för det mesta bara för att släppas ut i vattendrag och hav. Om man vänder flödet till jordbruket som exempel kan det vara en billigare form av vattentillgång än andra. Tyvärr är ovan exempel helt beroende av billig energi i någon form. Ska vi även använda fossil energi för att framställa användbart vatten spär vi bara på utsläppen av växthusgaser. Just de utsläpp som orsakar klimatförändringar som varmare klimat, smältande glaciärer och uttorkade floder och sjöar. Inte ens vatten verkar vara en glädjekälla!

Atmosfären

Som landlevande varelser är vi helt beroende av atmosfärens sammansättning. Den består av det livgivande syret som gör att vi kan andas samma grundämne som allt levande i haven. Hur viktig är den egentligen och är den även sårbar för människans påverkan? Som till exempel alla utsläpp från vår moderna civilisation inklusive den ofarliga men samtidigt dödsbringande koldioxiden?

Atmosfärens uppståndelse

Hur atmosfären uppstod på planeten kan man skriva en bok om men jag tar den korta versionen. Atmosfären upp till cirka 50 km består i huvudsak av kväve och syre där syret är ungefär 21 % och kvävet 78 %. Den omtalade koldioxiden är i detta sammanhanget bara cirka 420 ppm vilket kan utläsas som 0,042 %. Vi kallar atmosfären i dagligt tal för luft. Att gaserna stannat kvar runt jorden är på grund av jordens gravitation. Gaserna i form av bland annat kväve och koldioxid har kommit från jordens innandöme som under årmiljonerna sipprat ut och stannat kvar runt jorden som ett gasbälte. Efter att att haven bildats uppstod fotosyntesen hos blågröna alger för 3,5 miljarder år sedan. De drog nytta av koldioxiden och producerade syre i fri form.[44] Från att atmosfären innehöll fåtal % syre nåddes nuvarande nivå för 350 miljoner år sedan. Då först hade vi en atmosfär som kunde skapa liv på land i stor skala. Den långa resan på över 3 miljarder år ger oss ett perspektiv att leva med. Atmosfären är allt för livet på land och utan den kommer allt kollapsa. Vi kan säkert klara en lägre syrehalt för det gör människor som bor på höga höjder. Vi kan säkert klara av att luften består av andra blandningar än de som är ursprungliga. Vi klarar även rent fysiskt av den allt mer ökande koldioxidhalten i atmosfären. Det är alla konsekvenser gasen medför som tar knäcken på oss istället.

Atmosfärens hälsa

Om något funnits i 350 miljoner år och vi går på denna jord en bråkdel av tiden. Då är det lätt att man tar luften vi andas för givet. Hur mår atmosfären i denna stund? Kan vi fortsatt andas lugnt? Utsläpp till atmosfären sker ständigt som en naturlig process. Vi har alla vulkaner som släpper ut både nyttiga men även dödsbringande gaser. Det frigörs olika ämnen från processer som uppstår i haven eller på land. Allt detta har skett i miljoner, miljoner år och ett skeende som flora och fauna är anpassade till. Det som tillkommit är miljarder människor som har en helt annan agenda än den na-

---

[44] SMHI- Atmosfärens historia

turliga. Vi har sedan industrialiseringen startat processer och produktioner som från och till drabbat både natur och människor. Det talas i stort sett bara om koldioxid eller i en vidare term, växthusgaser som det enda problemet vi har från våra utsläpp. Så enkelt är det inte men blir det när vi inte klarar av att hålla två tankar i huvudet samtidigt. I stora delar innebär utsläppen av koldioxid förbränning. Koldioxid är bara en av många gaser som bildas vid förbränning. De övriga är långsiktigt kanske inte så allvarliga om de upphör. Det verkar inte som mänskligheten tänkt göra det så alla övriga förbränningsgaser är ett reellt hot. De främsta ämnen som släpps ut varje timme dygnet runt är kväveoxid, svaveldioxid, kolmonoxid, ozon och sotpartiklar. Allt rejält dödligt i större mängder för alla livsformer. Ämnena följer luftströmmarna och kan sedan regna ner som surt regn. Det sura regnet påverkar både land i att träd och växter skadas eller blir känsligare för sjukdomar, eller vatten så både fiskar och andra organismer blir sjuka och värsta fall dör. Partiklar och förbränningsgaser drabbar människor dagligen och specifikt storstadsområden. Åtgärder för att minska utsläppen har genomförts i Europa och Nordamerika men Asien har inte vidtagit några större åtgärder. I stort sett all produktion är outsourcad från västvärlden till Asien så vi har i stort sett inte löst ett dyft av det globala problemet. Upp emot 7 miljoner människor dör en förtida död på grund av alla luftföroreningar.[45]

---

[45] Tony Jupiter – Vad händer med vår planet?

Atmosfärens framtid

Vi kommer uppnå en dubbel nytta om vi slutar att förbränna för att få energi. Då upphör till största delen utsläppen av växthusgaserna. Även alla övriga förbränningsgaser samt partiklar upphör vilket ger oss en friskare värld och en friskare världsbefolkning. Atmosfären kommer bestå även om vi fortsätter som vi gör. Skillnaden är att den nu är i obalans och transporterar även gaser vidare som förstör naturen allt eftersom det regnar ner mer än bara vanligt vatten. Atmosfären ger oss det livsviktiga syret men är även en bärare av det mest dödliga vi någonsin producerat i växthus- och förbränningsgaser.

Planeten redan förstörd

En olycka kommer aldrig ensam och i detta fallet sker det parallellt. Vi har inte bara klimatkrisen att tampas med utan även miljökrisen. Den är egentligen allvarligare ur ett planetariskt perspektiv. Vi håller just nu på att skapa det sjätte massutdöendet. De tidigare har berott på naturliga orsaker som meteoriter eller vulkanutbrott men denna är helt och hållet skapad av oss. Naturen är otrolig på att anpassa sig och överleva men kommer vi överleva naturen?

Exit flora

Som jag beskrivit tidigare i boken är naturen under mycket hårt tryck. Världen har snart inte kvar några urskogar, inga naturliga öppna landskap som savanner eller våtmarker. Det vi har är enformiga odlingar av skog, åkermark och betesmark. Sverige är en smärtsam påminnelse på hur det kan se ut. Vi har i stort sett inga ursprungliga skogar eller andra naturlandskap kvar. Vi har tagit död på naturen och ersatt den med mänskligt styrd odling eller plantering. På bara en blinkning tidsmässigt för planeten har vi raderat ut i stort sett all naturlig flora. Tyvärr ser vi inte det ens utan tar den planterade naturen som en självklar och naturlig del av våra liv. Så länge vi ser det på det viset kommer ingen radikal förändring att ske. Det finns för stora ekonomiska intressen för att vi på ett världsplan kommer ändra förutsättningarna i någon större utsträckning. All odlad skog och åkermark har dollartecken stämplat på sig. För vår kära kapitalistiska värld krävs det ett ekonomiskt pris eller alternativ för att rucka på utvecklingen. När vi i det lilla landet i norr ser skog och åker som näringar, varför skulle andra se det på ett annat sätt? Vi har bara kommit lite längre i rovdriften och är definitivt ett skräckexempel för resten av världen.

Exit fauna

Vår iver av att njuta av kött- och mejeriprodukter har pressat undan den vilda faunan på land till nivåer som mer kan ses som reservat. Utvecklingen har bara ökat de senaste decennierna och detta trots att fler och fler valt att bli vegetarianer eller veganer. Världen är ett kommunicerande kärl. När fler länder får det bättre ökar köttätandet vilket Kina är ett tydligt exempel på. De importerar från länder som till exempel Danmark och Spanien där större andel av befolkningen blivit vegetarianer. Det ser nattsvart ut för den vilda faunan runt om i världen där 70 % av alla ryggradsdjur redan försvunnit från planeten på 50 år! Mer än 1 miljon arter riskerar att utrotas de närmsta decennierna! Faunan hänger ihop med vad som sker med floran och det är samma dystra väg. Vi som ansvarig art i homo sapiens kommer inte att ändra riktning radikalt. Det har vi inbyggt i våra gener. Eftersom vi vandrar i ensamt majestät som planetens kungar är vi inte bekymrade över att gå i otakt med naturen. Vägen mot floran och faunans undergång tas fortsatt med raska steg.

Exit livets källa

Någon djupare relation till vad som finns i hav och sjö har vi inte. Vi är landlevande varelser och har ingen känsla för vårt ursprung som finns i vattnet. Haven har under tusentals år varit en näringskälla i första hand, även en transportled som bidragit till vårt moderna levnadssätt. De senaste decennierna har rovdriften av haven ökat radikalt. Mycket på grund av ökad världsbefolkning men även på grund av mer effektiva fiskemetoder. Endast 1 % av världshaven är skyddade områden. Ett nytt beslut från FN:s konvention om biologisk mångfald (COP15) uttrycker ett mål att 30 % av hav, vatten och land ska skyddas till år 2030. Det finns ingen uppföljning förrän från 2050 enligt beslutet!! Det har ej heller fastställts uttryckligen att det ska gälla 30 % av alla tre kategorierna hav, vatten och land! Det kan lika väl gälla ett ökenområde för ett land och inget alls för havet som gränsar till. Under tiden som alla länder ska tolka målsättningarna fortsätter rovfisket och utsläppen av miljöfarliga ämnen och mikroplaster i haven. Våra hav är dödsdömda som habitat för korallfiskar, tonfisk, krill och andra livsnödvändiga arter för havens ekologiska balans. Innanhaven som Östersjön och Medelhavet är de som först havererar ekologiskt. Vi kommer troligtvis inte registrera eller reagera när de stora oceanerna tippat över gränsen. Det är för oss ett annat universum som vi inte har någon känsla för och därmed är dödsdomen redan skriven. Vattnet kommer finnas kvar men det är det enda som minner om var livet uppstod en gång i tiden. Något liv att räkna med finns inte kvar om vi fortsätter att blunda.

Exit Homo Sapiens?

Det finns många anledningar till att förvåna sig över hur illa vår blå/gröna planet mår. Att det inte uppmärksammas tillräckligt är nog för att klimatkrisen överskuggar miljökrisen. Vad kan vi säga om att en art av korallfisk håller på att utrotas när hela mänskligheten riskerar att drabbas. Det vi alltid haft svårt med är att klara två tankar i huvudet samtidigt. Det vi skapat med vår civilisation är både en klimatkris och en miljökris. De går hand i hand och hade vi inte funnit det svarta guldet i fossil energi hade vi inte påverkat miljön i hav, land och atmosfär så mycket i heller. Om vi stannar kring miljökrisen som är lika allvarlig för flora och fauna på land som i hav, vad kan vi göra och vad vill vi göra? Samt den ultimata frågan, överlever vi? Jag svarar på den sista frågan först utefter min egen uppfattning. Vi kommer överleva även ett miljöhaveri men inte utan att få betala ett högt pris. Vi kan räkna med att näringskällan från haven i stort sett kommer att upphöra. Fiskodling i mycket stor skala kan rädda livsmedelsförsörjningen för miljarder människor, precis som att jakt ersatts med boskaps- och kycklingindustrier. Boskapsuppfödning samt odling av spannmål och skogsindustri kommer fortsatt trycka undan den vilda floran och faunan. Utvecklingen går så rasande fort så även om vi tar radikala beslut hinner vi inte stoppa utrotningen i tid. Världen kommer vara som en stor parkanläggning där i stort sett all växtlighet och djurliv är påverkat av människan eller planterad/uppfödd av oss. Vackert att se men har inget med naturen att göra. I och med mina tankar kring den sista frågan besvaras även de första frågorna. Vi vill inte göra något på allvar utan detta är en utveckling som passar oss. Jag själv är uppväxt med samma grunduppfattning. Att dra nytta av naturtillgångar, landytor och hav är ett naturligt skeende för oss som lever nu. Att vi då även expanderar våra territorier är kopplat till ökad befolkning och ökade behov. Inget du ser direkt men fakta ljuger inte. Under de senaste 50 åren har vi människor blivit flera miljarder fler och expansionen fortsätter. Den går parallellt med att allt fler fått det bättre och därmed kräver mer resurser. Slutsatsen kan summeras till att vi överlever utan naturen men naturen överlever inte oss!

MÄNNISKAN

Foto: Paul Besson

Människans tillkortakommanden

Den största bromsklossen till beteendeförändringar är ofta vi själva. Som jag beskrivit i boken har vi människor funnits under en otroligt kort tid i planetens mycket långa historia. Allt det vi består av är en utveckling från enklaste mikrob, förbi dinosaurierna till det däggdjur vi nu är. I denna resa har vi paketerats med alla fördelar som behövs för att vi ska överleva i en värld där man äter eller äts upp. Det är inte så länge sedan vårt liv bara bestod av överlevnad, ungefär som pandemins Coronavirus. Det som på marginalen skiljer oss mot andra levande ting är att vi fått förmånen att få den största och mest användbara hjärnan av alla nu levande varelser. Vår hjärna som definitivt inte är perfekt utan bara en del av den ständiga utvecklingen spelar oss många spratt. Vi tror vi är logiska i våra resonemang och beslut men styrs ofta av känslor eller kroppens hormoner och andra kemiska processer i vår kropp. Den så kallade reptilhjärnan som på grekiska heter Amygdala styr våra reaktioner vid fara. Farorna kan vara verkliga som att du håller på att bli överkörd, alternativt att börskurserna rasar. Tyvärr blir resultatet ungefär detsamma för oss i båda fallen. En emotionell reaktion.[46] Om vi tar ovan exempel och applicerar på miljö- och klimatkrisen borde vi reagera emotionellt kraftigt när vi får höra om det första gången. Jag skulle nog få lite panikkänslor och fundera på hur jag kan fly från detta stora hot. Om det varit en bilist som försökt köra över mig hade jag

[46] www.neuroledarskapipraktiken.se – Hjärnanatomi för neuroledare

försökt fly undan från bilen och sedan kunnat andas ut. Hur gör jag med ett hot som finns överallt och alltid, dag som natt? Det ska vi titta lite närmare på och se om planetens härskare i människoapan är smartare än andra djur. Konstruktionen människan är mångtusenårig och har inte uppdaterats sedan vi kom in i industriåldern. Vi har lika många ben och armar och hjärnan har samma storlek som tidigare. Mycket likt andra apor som till exempel gorillan. För gorillan är tillvaron vid någon form av hot eller fara att fly eller slåss. Fungerar det om vi berättar för gorillorna att vi har ett hot som kallas global uppvärmning. Nej, jag tror inte det. Fungerar samma information på oss? Nej det verkar inte så. Ett omedelbart hot eller fara är vi byggda för att hantera på ett snabbt och rationellt sätt. Varför klarar vi inte att hantera ett hot så stort att vi riskerar att ta död på oss själva på samma sätt? Nyckeln är just att hotet inte är plötsligt och kortvarigt. Vi kan inte vara beredda på att "fly eller fäkta" en längre tid. Antingen kommer vi må så dåligt av den ständiga beredskapen att vi går in i den berömda väggen. Eller ser vi hotet efterhand som något normalt. Det uppenbara att vi har en global uppvärmning med synliga konsekvenser blir helt enkelt helt normalt för de flesta. Hur agerar då en person som landat i det normala. Troligtvis som jag själv. Trots att jag gör mer än de flesta i att till och med skriva en bok om vårt största hot, befinner jag mig i ett skönt normalläge. Jag är fullt medveten om hotet men varför oroa sig för mycket eftersom detta startade redan innan jag föddes. Påverkas jag i dagsläget av detta hot? Nej, inte mer än att jag undviker att åka ner till medelhavsområdet på sommarhalvåret för det är för varmt där nuförtiden. Ett lyxproblem som man kan le åt. Varför kan inte ens jag mobilisera någon bestående kraft när vår enda värld förstörs sakta men säkert?

Piskan

Det finns flera former att styra en människa eller en flock av människor i en slags gemenskap. Det kan bestå av en kulturell gemenskap, språklig eller nationalstat. Det som kan göra att bara enstaka eller fåtal agerar på ett förväntat sätt är många, som otydlighet i kommunikationen, vårt eget intresse eller behov av att ändra ett beteende eller agera på ett visst sätt. Vi börjar med en av de två effektiva sätten i principen morot och piska. En piska har väl i första hand tagits fram för att få djur att reagera eller utföra något som vi förväntar. Alla andra upptänkliga användningssätt som tillkommit hoppar vi över här. Piskan som symbol för att med hot, tvång, bestraffning få ett resultat har använts sedan människans begynnelse. Vi är under vår levnad utsatta av olika former av tvång och bestraffning från barnsben i att städar du inte ditt rum blir det ingen veckopeng, till att jobbar du inte så blir det ingen lön. Man kan fråga sig vilket som är värst under livets gång men det fungerar i alla fall. Jag själv kan finna många former av "piskor" som man möter och som påverkar ens tankar, beslut och göromål. Många är subjektiva så vi märker inte av det som en "piska". Det kan vara från samhällets sida som att bli bötfälld om du gör någon form av dumhet till att du inte får löneförhöjning förrän du presterat enligt förväntan från någon annan. Om jag ser till mig själv så är "pisk"-metoden inte speciellt intressant som motivatör för att jag ska göra något. Resultatet kan lika väl bli tvärtom. Som att man som husägare krävs på att köra iväg och slänga källsorterat avfall någon annanstans. Ett måste som ingen diskuterat med mig om och ser det som extra "kul" att slänga allt i samma soptunna istället. Barnsligt men för mycket pekpinnar och piskor gör oss till rebeller ibland. Går det då att tillämpa "pisk"-principen på den akuta klimat- och miljökrisen? På många sätt tillämpas den redan flitigt. Vi får till exempel betala oförskämt mycket i skatt när vi tankar våra bilar med bensin eller diesel, men kollektiva resor med buss och tåg subventioneras kraftigt av samhället. Ovan är egentligen ett typiskt exempel där många av oss blir rebelliska. "Det ska f_n inte vara någon som bestämmer hur jag tar mig till jobbet!" Jag fortsätter köra min bil trots kostnaderna och slipper trängas på buss och tåg som ändå inte kan hålla tiderna. Dessutom visar jag även att jag har råd att bortse från avsedd "piska". Vi visar även i våra val av fordon att strategin inte fungerar. Det dyraste och sämsta för miljön är att köra omkring med nya stora bilar och vad köper vi? Stora dyra bilar! Det finns många andra exempel på att styra oss kring miljö och klimatfrågorna som inte biter alls. Piskan har inget bett utan slår tillbaka på den som håller piskan. Det kan även vara en annan orsak. Vi är så vana vid olika former av "redskapet" att vi inte tar till oss principen längre. Ska då samhället skaffa en ännu större piska för att få oss att ändra beteende eller ens uppmärksamma planetens dödsryckningar? Ja, kanske... men var hamnar vi då? Världen består av ungefär 200 länder med då en genomsnittsbefolkning på 40 miljoner invånare per land. Varje land består av ett antal mindre sammanslutningar som delstater, regioner, kommuner osv. Om vi ska vara rationella borde vi ha en ofantligt stor piska som sträcker sig runt hela planeten. Då hade piskans budskap nått alla samtidigt och förhoppningsvis, med samma reaktion och agerande av oss individer. Nu är det inte alls så enkelt trots att piskans budskap är densamma till oss alla. Vi lever i olika kulturer och har olika språk. Vi har olika styrelseskick samt olika möjligheter att agera på förväntningarna från den/de som håller i piskans skaft. Länder som är mer auktoritära eller rent av diktaturer borde fungera bättre med ”pisk”-metoden än med ”moroten” kan tyckas vid en första anblick. Ett auktoritärt land har ofta ett förtryck på befolkningen som styr deras vardag. Att då för att rädda vår planet införa ett antal vinande piskor borde inte vara svårare än att se till att befolkningen inte tycker, tänker eller agerar mot den styrande makten. Jag är böjd att tro att det kan vara ett väldigt effektivt sätt att få befolkningen att ta till sig vad som behöver göras eller finna sig i nya sätt att agera eller leva med. Vi kan ta två riktigt usla exempel i länder med auktoritärt styre i Nord-Korea och Ryssland. Om makten ansåg att planetens väl och ve var det allra viktigaste så är det bara att införa ett antal lagar, påbud, tvångsmetoder, bestraffningar eller vad annat som en diktatur har i sin verktygslåda. Är då Ryssland och Nord-Korea bäst i klassen på att tygla den kommande klimat- och miljökatastrofen? Nej, inte alls! De är under all kritik när det gäller dessa områden. Vad beror nu detta på. Tja, vilka sitter vid makten och vilka intressen och agendor har de? Troligen mer kring att behålla makten, roffa åt sig mer av makt och pengar samt hålla befolkningen i schack. Något som inte alls har med det bästa för landet och planeten att göra! Hur kan vi då kombinera piskan som metod utan att misslyckas med målet, att rädda planeten och oss själva? Jag har faktiskt inget heltäckande svar på den frågan. Att använda metoden kan säkert fungera inom vissa delar av världen men inte alls i andra. Problemet är att vi alla måste ta till oss budskapet, det vill säga alla 8 miljarder människor, annars når vi inte målet utan bara ett delmål. Men sedan då... Att tvinga oss att genomföra vissa beteenden eller uppoffringar kan fungera där man är van vid den här typen av styrning men inte annars. Människan kan revoltera för mindre än att tvingas sluta köra bil, sluta äta kött, sluta semestra med flyg eller hundra andra inskränkningar i det vi är vana vid. Revolterna kan göra mer skada för miljö och klimat än nuvarande icke önskvärda läge.

Moroten

Motsatsen till piskan är ju moroten och den smakar ju alltid gott! Vi erbjuds ofta morötter som i de politiska valen som sker regelbundet i de demokratiska länderna. Då ges det löften om till exempel bidrag, bättre skolor, lägre skatter som för bensin och diesel om man röstar på ”rätt” parti. Hoppsan! Det sistnämnda var väl inte en morot som hamnade rätt i halsen? Där är första problemet med morötter. De kan ges för vad som helst som kan gynna innehavaren av "morötterna". Eller skapa ett beteende som är önskvärt kortsiktigt men förödande långsiktigt. Exemplet tidigare med Ryssland och Nord-Korea går även att använda här som argument för egna kortsiktiga fördelar från makten. Det jag är mer rädd för är att "morötter" används mer frekvent i de demokratiska länderna. Men inte till gagn för planetens bästa utan för de styrande politikernas möjligheter att behålla makten. Det är fullt möjligt att använda "morötter" på ett målmedvetet och effektivt sätt som att vi gynnas skattemässigt om vi installerar solceller eller en elbilsladdare. Eller en mindre effektiv metod, att subventionera kollektivtrafiken som buss och tåg men konstatera att biltrafiken ökar ständigt ändå. Grönsaken med den orange färgen har även ett bäst före datum vilket alla grönsaker tyvärr har. En "morot" har störst effekt när den är ny och färsk, ju längre eller oftare man får dessa "grönsaker" desto mindre intresse visar vi. Om vi går tillbaka till att vi gynnas om vi installerar solceller eller som en av de mest briljanta partierna kom på, att vi får bidrag för att vi köper elcykel! Är det en favör som vi tar för givet gör den ingen nytta längre. Vi ser det som en rättighet istället och kommer reagera negativt när godispåsen plockas bort. Därför finns risken att "morötternas" antal ständigt ökar för att ens få ett utfall. Om vi globalt ska nå en beteendeförändring för miljön och klimatets skull räcker det inte med att belöningen blir att nästa generation kommer ha kvar planeten som hemvist. Det krävs något här och nu! Vi är fortsatt lika många människor på den här planeten som behöver ta till sig löftet om belöningen där framme, men inte för långt fram. Belöningen ska även vara så pass stor att det är mödan värt att anstränga sig. Den som handlar i sin butik vet att ”morötter” kostar vilket är det som är den största nackdelen jämfört med ”piskans” hot och tvång. Makten eller samfundet måste köpa varje individs uppmärksamhet. Inte billigt när vi inser hur många vi är och att västvärldens befolkning är speciellt dyrköpt. Köpet av oss individer kan påverka hela tanken med att rädda planeten. Det kan medföra att resurser som kunde gjort nytta för jordens väl och ve går till belöningarna istället. En annan fråga är vem som vet vad som ska belönas och vad som inte ska prioriteras. Jag tror inte det finns någon som kan svara på den frågan. Det räcker med att ta några exempel i det lilla konungariket Sverige. Vi är bara 1 promille av världens befolkning men klarar inte av att hålla en röd tråd mer än 5 minuter i detta arbete. Några exempel. Först ville man favorisera etanol som bränsle och gynnade det skattemässigt, sedan var det naturgasens tur och nu elbilarna. Ovanpå det tyckte man att man skulle gynna alla som redan har råd med en elcykel med bidrag på inköp av dessa! Är det lönt att bry sig om nästa ”morot” när vi inte hinner greppa tag i den förrän den fått en annan färg. Bristen här är just att vi använder detta som ett politiskt trick och menar inte allvar med besluten. Så ser det säkert ut i många andra länder också. Ovanpå allt detta är det ingen som har svar på att om några beslutsfattare i något av de 200 länder som finns vet om det är rätt väg att gå. ”Morötterna” eller ”piskorna” gör ingen som helst nytta om det råkar vara ett enda land, säg Sverige som tar de ”rätta” besluten. Vi måste vara fler än 1 promille som gör något rätt. Annars är vi återigen förlorade i vår egen oförmåga!

Intelligensen

Utan att förhäva oss bland övriga levande varelser på vår arma jord bör vi vara den ras som har störst intelligens. Vi har på en otroligt kort tidsrymd skapat en mycket komplex värld att leva i. Vi har som få andra flyttat gränserna för vad som är möjligt både fysiskt och rent intelligensmässigt. Som jag beskriver i flera andra kapitel har denna förmåga också gett oreparabla skador på vår hemplanet. Här tänkte jag ta upp just vår intelligens som en fördel eller nackdel för att lyckas rädda vårt enda nu kända hem, planeten jorden. Intelligens är inte detsamma som intellekt eller ens logiskt tänkande anser jag. Intelligens går använda i den bästa meningen för mänskligheten men även för de mest onda avsikterna. Har vi ens någon nytta av vår intelligens för att lösa de stora ödesfrågor vi står inför? Egentligen tveksamt om vi ser till förmågan allmänt. Vi använder lika gärna intelligensen till att lösa veckans korsord och planeringen av nästa Thailandsresa som att använda den till att förbättra vår miljö och klimat. Varför är det nu så att vi inte använder den till det som verkligen är viktigt jämfört med kontraproduktiva problem. Inte lätt att svara på mer än att vi fortfarande är en produkt av vårt ursprung. Det fanns inga hot långt fram i tiden eller som inte gick att se ute på savannen i Afrika. Nu är det i stort sett bara den typen av problem som kräver lösningar vi lever med. Det kan vara så banala frågor som vilken aktie kommer gå bäst på börsen. Vilken friskola ska jag ställa mitt spädbarn i kö för att optimera dennes chanser i livet till hur vi slutar fördärva den värld som fortfarande ser likadan ut? En del av dessa uppräknade problem krävs inte mycket intelligens för att besluta kring, om ens någon. Men de är i ens vardag och mer påtagliga för oss vilket gör dem lättförståeliga. Vi tror det i alla fall. Valet av aktier klarar en chimpans ofta bättre än en aktieexpert som roligt exempel... Tillbaka till att projicera en intelligent lösning på ett långsamt kommande problem. Vi lever allt längre vilket kan vara en fördel för att dra nytta av intelligensen. Ett långt liv tillsammans med ett stort antal människor som samtidigt lever måste vara optimalt för att lyckas. Jämfört med efter andra världskrigets endast en tredjedel av befolkningen i förhållande till nu och en klart lägre medelålder har vi en riktig guldsits. Tänk vad vi kan göra med vår samlade intelligens! Hur ser nu ett alldagligt liv ut för dig och mig som bor i den bästa av världar, Sverige. Tja, vi ägnar en tredjedel av våra liv med att sova. Vaken tid går åt till att studera en himla massa år och sedan förverkliga sig själv genom arbetet. Hur nu arbetet kunde bli en form av självförverkligande! Det är väl enkelt beskrivet bara ett sätt att se till så du har mat och tak över huvudet. Prioriteringarna fortsätter med villa, vovve och Kinesisk Volvo. Däremellan ska vi lägga cirka 6 timmar av vaken tid på olika former av media som TV, radio, Facebook osv. [47] Om vi slår ihop timmarna blir det efter ar-

[47] Medieutveckling 2020: Mediekonsumtion

betets 8, sömnens 8, mediernas 6 inte mer än 2 timmar över per dygn för intelligent tänkande. Fast då ska man hinna äta och stressa till gymmet på den kvarvarande tiden. Det finns helt enkelt ingen tid över för en enda tanke på vår framtid i vår alldagliga bubbla! För de som bor i de mindre fördelaktiga delarna av världen är fördelningen troligtvis annorlunda där medietiden säkert ersätts med ytterligare 6 timmars verkligt arbete men summan blir den samma i slutändan. Det vi är om vi tittar från ovan är bara ett antal miljarder flitiga myror som gör det myror alltid gjort, leva sina liv i en stor myrstack. Var finns intelligensen när allt bara ser ut som en myrstack?

Viljan

Om inte intelligensen tagit oss framåt bör vår vilja ha gjort det många gånger under tidens gång. Vi har en vilja att överleva men även att uppnå saker som mat på bordet varje dag eller erövra andra länder genom invasioner och krig. Viljan finns men den verkar vara spretig. Om vi då använde viljan till det bästa för oss alla, hur skulle det gestalta sig? Första frågan är ofta, vad är det bästa? Nästa fråga är för vem, mig själv eller andra? Vad vilja vi människor? Troligtvis inte det bästa för planeten utan för oss själva i första hand. Viljan är även en nedärvd förmåga som gjort att vi överlevt årtusendens umbäranden och som även nu går att plocka fram i många sammanhang. Tyvärr för sällan till de rätta sammanhangen. Viljan är oftast individstyrd. Det är jag som vill något, inte du, eller ni. Då kan andras vilja uppfattas som tvång eller måsten. Kan vi dra nytta av en kollektiv vilja att förändra världen (till det bättre)? Möjligtvis, eftersom vi har historiska exempel där det skett som att minska utsläppen av freoner som räddat oss alla från den skadliga UV-strålningen. Även många gemensamma överenskommelser som gynnar flertalet i världen och då till exempel inom FN:s arbete. Vad skiljer mellan de lyckade besluten som troligen skapats av starka viljor till FN:s totala misslyckande i klimatfrågan? Min uppfattning är digniteten på frågan. Alla som sitter i beslutande ställning vet hur stora uppoffringar vi är tvungna att göra under en väldigt kort tidsrymd. Då försvinner viljan eftersom det är för många som har för mycket att förlora. Vad är det då som kan förloras när planeten håller på att brinna upp och förgiftas samtidigt? Svaret är många maktpersoners positioner och alla de personer som är beroende av dessas förmåner. Du och jag tillhör gruppen vilket du kanske inte visste! Våra maktpersoner i Sverige är både politiker och kapitalister (företagare) som ser hoten komma för deras sköna tillvaro om det rörs runt i grytan för mycket. Vi som är beroende av maktpersonerna i arbetstillfällen, bidrag, förmåner osv. vill inte heller drabbas vilket gör att vi inte är beredda att offra något nu för något bättre nästa decennium eller nästa generation. Inte ens vi som är fotfolket och som skulle kunna få besluten att gå klimatets och miljöns väg har viljan. Viljan är som en drog och en drog vill man ha just nu och inte i en dimmig framtid!

Globalismens påverkan

Det som vi kan lätt säga i ett ord som globalism är så mycket svårare att förklara men även att uppnå. Den enkla förklaringen är idén eller övertygelsen om att ekonomin måste vara fri och öppen över de nationella landgränserna. Den mer tillkrånglade; en samlande benämning på idéströmningar som betonar vikten och behovet av olika system med omfattning utöver det nationella.[48] Vad har nu globalism med klimatet att göra egentligen? Kanske mycket mer än vad vi tror.

Globalismens uppkomst

Den moderna benämningen av globalism uppstod inte förrän efter andra världskriget då det bildades flera internationella organisationer och nätverk. Efter Sovjetunionens kollaps ökade världshandeln ännu mer eftersom låsningen i två stora maktblock försvann. Exporten globalt har ökat mångdubbelt och mer än ekonomin i stort tack vare öppnare gränser och globala regler och överenskommelser.[49] En stor hävstång för den allenarådande globalismen är internet som

48 Wikipedia - Globalism

49 https://www.so-rummet.se/kategorier/samhallskunskap/internationell-politik-och-globala-samhallsfragor/globalisering#

gjort kommunikation och handel ännu smidigare och snabbare. Vem som helst kan var som helst vara sin egen globalist genom att beställa på internet från andra sidan världen. Priser sätts utefter tillgång och efterfrågan och går inte skydda från den världsomspännande konkurrensen tack vare, eller på grund av internet. Ett nät av transportvägar har byggts upp de senaste 50 åren som gör att allt kan skickas var som helst. Även ända fram fram till din ytterdörr.

Globalismens avtryck

Alla som har en ålder som pendlar kring ett halvt sekel kan säkert berätta skillnaderna då mot dagens tillvaro. När jag växte upp fanns det fortfarande sådant som svensk varvsindustri (Kockums), klädindustri (Borås) och TV-tillverkare (Luxor). Resan mot en global värld inom handeln har inneburit att tillverkning flyttat från höglöne- till låglöneländer. En annan anledning kan vara kompetens och skicklighet som gjort att vissa länder behållit tillverkning trots att de inte tillhört låglöneländerna. I vilket fall har produktion i första hand försvunnit från mer utvecklade länder till mindre. Resan har skett under knappt en ”mansålder” och för de flesta upplevts positivt. För de rikare länderna i att varor kunnat köpas billigare och därmed mer och oftare. För de fattigare i att det skapats arbetstillfällen på en global marknad jämfört med den tidigare, lokala. En vara som smort maskineriet och som varit en förutsättning för globalismen är den fossila energin i form av i första hand, olja. Utan öppna gränser hade inte energin kunnat nå alla delar av världen så enkelt som den nu gör. Globalismen har inneburit en marknad som inte styrs av någon lokal statsminister eller despot utan av många samverkande faktorer. Man kan se det som ett självspelande dragspel (mitt hatinstrument) motsvarande vad internet är där ingen central eller för den delen lokal makt kontrollerar helheten. Internet hade inte funnits om vi inte redan var globaliserade och billig energi hade knappast funnits i heller i en värld som varit mer stängd på grund av lokala regler, tullar och maktspel. Allt har gått hand i hand i en "perfekt storm".

Globalismens framtid

Globalismens framtid kan man sätta likhetstecken med vår egen framtid. Ur ett framtidsperspektiv har vi en enormt stark kraft i att vi kan globalt samverka i att lösa klimat- och miljöproblemen. Det sker redan och startade redan på 90-talet. Problemet är bara att här fungerar inte marknadens och kapitalismens krafter som det gör med varor och tjänster. Varför kanske är en dum fråga men jag ställer den ändå och försöker ge ett svar? Vi är 195 länder med egna styresskick som omfattar mycket av det som kretsar kring oss som människor. Lagar, regler, skola, vård, försvar, kultur osv. är ofta frågor som varje land vill ha veto kring. Märkligt nog har inga länder direkt lagt sig i globalismens innehåll som liberalism, meritokrati och kapitalism. Utan dessa -ismer hade inte globalismen varit vad den är. Det är egentligen den enda världsomspännande över-ideologin i dag och har tagit över ideologier som nu finns på -ismernas sophög som kommunismen. Hur klokt det varit att anamma en -ism som vi inte kunnat rösta om i de demokratiska länderna. Eller som i de auktoritära länderna, makten inte stängt den ute för att skydda sin egna positioner kan man undra över. Extrema diktaturer som den kinesiska eller ryska har ultrakapitalism samtidigt och inte som förr en nationalistisk agenda. Demokratiska länder har kanske på ett annat sätt ändå valt globalismen utifrån sin liberala politik men gått in i en -ism som är helt och hållet frikopplad från demokratins spelregler. Kanske det största misstaget västvärldens demokratier gjort de senaste 50 åren! Vi ser det redan i att flera länders demokratier börjar brytas sönder som USA, Ungern, Polen och auktoritära länder som Kina vunnit på att globalismen är auktoritär i sig och behöver inte ta hänsyn till mjukare värden som mänsklig frihet. Globalismen styrs av ett fåtal och det färgar av sig på befolkningens syn på styresskick. Kan till exempel en enda man styra stora delar av internet som Mark Zuckerberg (Facebook, Instagram med mera), varför kan vi inte ha En man som styr hela landet som Donald Trump! (Att det nästan alltid är en man behöver jag kanske inte lägga så mycket ord kring mer än att det inte förändrats så mycket de senaste tusen åren...) Hur vi då ska kunna förändra och förbättra våra förutsättningar i en värld som håller på att gå under är minst sagt seklets gåta?

Den globala forskningen

I en öppen värld som vi ändå lever i är det gynnsamt med gemensamt fokus på klimatfrågan. Ett lysande exempel är hur snabbt vi gemensamt kunde ta fram ett antal olika Covid-vacciner som troligtvis räddat många miljoner människors liv. Motsvarande stordåd skulle vi kunna göra för klimat och miljö men varför lyckas vi inte här? Kanske för att Covid var Ett problem med En lösning samt väldigt tydliga ekonomiska nackdelar om vi skulle leva många år i en pandemi. Cyniskt förvisso men pengar styr mer än vi ens vill veta. Forskningen kring vår enda värld och den kommande klimatkatastrofen är pågående och involverar många tusen forskare och experter varje dag. Vi vet allt mer kring de skeenden som vi själva satt igång och vilka konsekvenser detta kommer innebära. Redan nu finns ett gediget underlag för globala beslut så varför händer det inte mer på den globala arenan? Vi har sedan nittiotalet haft många arenor att tillgå för att nå gemensamma klimat och miljöbeslut inom både FN och andra internationella sammanslutningar. De mest kända är FN:s klimatpanel IPCC (Intergovernmental Panel on Climate Change), Världsnaturfonden WWF (World Wide Fund for Nature) och FN:s klimatkonferens COP (Conference of the Parties). Den sistnämnda har årliga konferenser och är uppe kring den trettionde. Parisavtalet som slöts 2016 genom FN:s försorg är ett avtal där faktiskt alla världens länder antagit innehållit och som är det starkaste globala avtalet inom klimatområdet hittills. Tyvärr för den arma planeten fanns det i tidigare utkast till avtalet konkreta och ambitiösa mål för utsläppsminskningar, men de hade förhandlats bort i det slutliga avtalet. Översatt till krass svenska så är inte avtalet värt ett dyft eftersom varje land kan göra precis som de vill, exakt som innan avtalet togs fram! De ständigt återkommande COP-mötena som snart är inne på det fjärde decenniet och med möte nummer XX i antågande har inte fört oss närmare en global lösning på klimatkrisen. Det är naturligtvis bra att vi i en splittrad värld kan träffas och diskutera problem men globalismen verkar inte räcka till för att lösa ett så tydligt och förödande problem som klimat- och miljökrisen. Den verkar som -ism endast bara öka farten på vägen till helvetet!

Civilisationens kollaps

För en historiker är det en självklarhet att vår mänskliga berättelse innehåller många exempel på civilisationers kollaps. Allt från mayakulturen till romarriket och däremellan flera andra exempel. Det som en gång byggs upp har ofta ett bäst före datum och till sist ett slutdatum. Vår egen högstående civilisation (i våra egna ögon) har också ett slut om vi ska använda historien som rättesnöre. Ingen vet när och troligtvis ser vi inte kollapsen förrän vi nått botten. Frågan är även när nuvarande moderna civilisation egentligen startade och när vi nått ”peak moderni viri”? Det som komplicerar tillvaron vid en djupare analys är att världen består av många moderna civilisationer samtidigt. Om vi backar tillbaka till romarriket bestod det på sin topp av ett rike som täckte stora delar av Europa och områden runt Medelhavet. Går det att applicera på vår nutid där vi i stort har samma samhällsuppbyggnad nästan överallt i världen? Det som skiljer i vår moderna värld är nationalstaternas gränser, språken och politiken. Fundamentet överallt är uppbyggt på fossil energi och ett överutnyttjande av naturresurser. Bör då inte kollapsen bli så mycket mer omfattande än när till exempel romarriket föll? I David Jonstads intressanta bok ”Kollaps – Livet vid civilisationens slut” är hans tes att ju mer komplext ett samhälle blir, ju större risk för kollaps till sist. Vi ska titta på några exempel kring tesen utifrån min egen erfarenhet.

Komplexitet under 50 år

Om jag återigen återvänder till min barndom på 70-talet fann jag Legos plastbitar som ett stort nöje i att skapa något eget utifrån hundratals färgade bitar. Det var en början på den fascination jag fortfarande har, att bygga olika modeller av verkligheten. Lego har gjort en fantastisk resa som företag och är nu en av världens största leksakstillverkare. Det har de blivit genom att erbjuda allt mer komplexa byggmodeller, TV-spel och till och med filmer för barnen. Hade de stannat vid de fyrkantiga bitarna hade nog inte företaget funnits längre. Är det ett bra exempel på komplexitet? Jo det tycker jag för vad man klarade av då var att tillverka de fyrkantiga plastbitarna vilket är en hyfsat komplex aktivitet. Samhället var inte så komplext så det utbud som nu finns kunde erbjudas. Därmed är vi alla redan från barnålder med på resan in i komplexiteten, även om vi inte vill. Ett annat exempel är den glädje jag kunde kännas vid att med eget sparade köpa den första egna så kallade ”transistorradion”. Vad är nu det för något frågar sig alla som är yngre. Det var dåtidens ”hightech” där man kunde paketera en radio i ett format som gjorde den bärbar och kunde drivas på batterier. Den hade endast två rattar för att kontrolleras, en för volym och en för att ställa in kanalerna. Nu kan man knappt köpa något som inte har så mycket finesser så du orkar inte läsa igenom instruktionsboken, alternativt aldrig kommer använda allt som är möjligt med prylen. Jag har undrat många gånger varför man överbelastar prylar som mobiler, TV-apparater osv. med så många funktioner? Svaret är för att man kan. Att det kräver mer av de som ska ta fram produkterna verkar vara en mindre kostnad i sammanhanget. Ett annat exempel är den rapporteringshysteri som vi lever i. Yrkesmänniskor som läkare, lärare med flera vittnar om att de får lägga mer och mer tid på andra arbetsuppgifter än att bota eller lära ut. För en läkare så är patientkontakterna det självklara kan tyckas men det tycker inte det komplexa samhället vi lever i. För varje patient ska det rapporteras in i olika system som sedan andra personer ska upprätthålla, underhålla och ta fram statistik från. En svensk läkare har i snitt bara 4 patientbesök per arbetsdag. Övrig tid går åt till uppföljning, registrering, dokumentation och krånglande IT-system.[50] Annat exempel är inom den bransch jag jobbat inom under många år. När jag började för 20 år sedan skedde rapporterna till kunderna genom en rapport på 1-2 st A4-sidor. Under årens lopp har kunderna efterfrågat mer och mer dokumentation. Varför begrep jag egentligen inte för kunderna läste sällan de tiosidiga rapporterna de nu fick istället. En form av ökad komplexitet för att det är möjligt, inte för att det behövs. Samhället i stort är en otroligt komplicerad apparat där du som medborgare aldrig kan uppfylla allt som tas fram i lagar, regler, förordnanden, rekommendationer, föreskrifter, utlåtanden osv. Det kräver en hel kader av experter som lever på att tolka och hjälpa oss i detta sammelsurium. Det är bara ett par exempel på en ökad komplexitet på bara 50 år. En komplexitet som började för länge sedan och som bara fortsätter in i framtiden så länge det är möjligt. Inom forskningen har man studerat olika his-

[50] Läkartidningen – Artikel: Svenska läkare hinner med få patientbesök

toriska samhällen och orsakerna till att de kollapsat. En av de tongivande är antropologen Joseph Tainter som med "The collapse of complex societies" lade fram en ny teori. Enligt honom är ett samhälle till för att lösa problem. Så länge det finns problem som går lösa har samhället sitt berättigande. I början är problemen av enklare art där det inte krävs så stora insatser. Ju längre tiden går blir insatserna allt dyrare eftersom komplexiteten ökar. Ovan exempel med läkarnas arbetssituation är ett typiskt exempel där man tror sig lösa nya problem men utdelningen i form av patientkontakter minskar samtidigt. Vår globala värld är tåligare än tidigare civilisationer i flera avseenden. Mayakulturen kunde inte importera de livsmedel som saknades efter ett torrår. Inte heller köpa varor och produkter från andra världsdelar om man själv inte hade kompetens eller arbetskraften för att göra dem själva. Det kan vi göra i den hårt sammanknutna världsekonomin. Under katastroftorkan i Sverige 2018 var det ingen panik i att vi skulle svälta på grund av missväxt. Vi importerade helt enkelt det vi saknade. Någon annanstans på jordklotet var det ett normalår där överskottet kunde exporteras till andra länder. Inom många områden balanserar vi tillgång och efterfrågan ständigt. Vad är det då som skulle kunna ställa allt på ända? Det som det finns tillgång till i tillräcklig mängd är det ingen fara med. Men om vi skulle få en global livsmedelsbrist kvittar det var du befinner dig. Den når dig ändå. Vatten kan även vara en källa till kollaps i vissa världsdelar som påverkar hela världssamfundet. Men det som verkligen är "elefanten i rummet" är tillgången till energi. Det som håller igång vår globala värld är den billiga fossila energin. Tar den slut är det slut med en global värld och istället får vi mindre kluster av civilisationer som får klara sig inom sitt eget så gott det går. Ironin är total i att det som håller på att ta död på oss och planeten i global uppvärmning, tar död på civilisationen när den en gång i tiden tar slut. Vi räddar världen när vi uttömt alla fossila källor men vår moderna civilisation kollapsar samtidigt! Är då en kollaps så dålig i sig för en "trött värld"? Kanske inte men som historien visat, vi har inte själva makten att styra skeendet. Om vi fortsätter på samma väg med missbruk av naturresurser och fortsatt användande av fossil energi är snart planeten en förstörd planet. Om vi försöker ta oss ur det patologiska beroendet av energi kräver det enorma förändringar av alla uppbyggda strukturer i världen. Att göra det är fullt möjligt men vi riskerar samtidigt en kollaps av den världsomspännande civilisation som vi lever i. Ett högt pris som vi inte verkar beredda att ta. Då finns bara en väg kvar! Det är den långsammare men ändå slutliga "The Road to Hell".[51] Om vi lyckats höja den globala genomsnittstemperaturen i världen med ca 1,1 °C de senaste 50 åren och de fossila reserverna varar 50 år till är det en helt annan planet vi bor på då. Om vi ska hamna på max 1,5 °C som är FN:s klimatpanels mål måste utsläppen av växthusgaser sluta helt och hållet om 8 år. Alltså endast 8 år![52] Vi har redan förlorat flera år på grund av Corona-pandemin och när detta skrivs ett krig i Europa som kan fördröja förändringen i vår del av världen så mycket som kanske 5-10 år. I dessa kalkyler som tas fram som från FN:s klimatpanel

[51] Chris Rea – The Road to Hell, musikalbum från 1989

[52] Dagens Nyheter – Appen: Klimatet just nu

finns aldrig ordet ”Om” med. Ordet om som i ”tänk om” det blir en pandemi, ”tänk om” det blir krig, ”tänk om” vi får en världsomspännande lågkonjunktur, ”tänk om” vi tänkt fel! Därmed finns det ingen som helst substans i dessa kalkyler och förutsägelser utan i stort sett bara önsketänkande.

Efter

Hur kan då en kollaps av den civilisation vi lever i se ut då? Lika svårt att gissa som att gissa på rätt nummer i ett lotteri men jag vill ändå måla upp ett tänkbart scenario. Den framtid då vi trots alla varningar fortsatt vårt missbrukande av de fossila energitillgångarna, samtidigt som vi värmt upp planeten ännu mer kommer vara mycket annorlunda. Den största krisen enligt mitt scenario är inte klimatförändringarna i sig utan bristen på billig energi. Energi kommer det vi alltid velat ha det i vår globala konstruktion av marknadsekonomi. I teorin får jag tillägga, men i praktiken är det inte många som vill uppleva det på basala produkter som energi eller finnas fortsatt men den kommer vara en bristvara och mycket dyr. Det gör att de länder som inte tagit sig upp från ett utvecklingsland stannar där. De har ingen möjlighet att köpa sig möjligheten att utvecklas som då alltid kräver energi. Energi som är så mycket dyrare än tidigare så det uppfattas som lyx i princip. De drabbas även hårdare än andra mer utvecklade länder av de klimatförändringar som är på gång redan nu och som kommer vara så mycket värre om 50 år till. Man kan säga att de kommer uppleva en ständig försämring i något som redan är väldigt dåligt! Lidandet kring svältkatastrofer och vattenbrist blir i stort sett permanent. Den övriga världens vilja att hjälpa till kommer minska på grund av den krypande kollapsen i dessa civilisationer också. För de rikare länder som är de som förbrukat det mesta av den fossila energin drabbas också rejält. De har fortsatt på inslagen väg som accelererat de senaste 50 åren och som inte minskat framöver. När den fossila energin börjar sina går priserna automatiskt upp som mat. I stället för att de olika länderna satsar på nya energiformer så tar man till den enklaste lösningen, subventionera det som uppfattas för dyrt. För att fortsatt upprätthålla samhället subventionerar man den fossila energin och även livsmedel. Livsmedel har även blivit en bristvara på grund av klimatförändringarna som då ger sämre skördar, samt utfiskningen av haven som inte längre kan försörja den hungrande befolkningen. Energin försöker styras till de nödvändigaste processerna men eftersom det fortsatt är en produkt på marknaden, är det de med tillgångar som har möjlighet att leva ett liv som tidigare. Många som har möjlighet köper sig förbi en rättvis fördelning av de minskade resurserna. Konflikterna mellan de som har och alla andra ökar vilket spär på behovet av staterna att ytterligare subventionera det viktigaste som energi och livsmedel. I denna nedåtgående spiral finns det inga resurser över för att satsa på en annan samhällslösning eller ny teknik som skulle kunna öka energi- eller livsmedelstillgångarna. Det finns inte heller resurser för att lindra den globala uppvärmningens konsekvenser. De konsekvenser som uppstår och som beskrivits i årtionden redan är minskad livsmedelsproduktion, förändrat klimat som mer regn, stormar eller torka, översvämningar, havsvattenhöjningar och vattenbrist. Den globala ekonomin och handeln mellan länderna förändras kraftigt. Länder som har interna tillgångar är inte beredda att sälja dessa på en öppen marknad fullt ut utan prioriterar sin egen befolkning. Länder som inte har tillräckliga tillgångar av i första hand energi och livsmedel, kan inte längre handla sig fria från ansvar Ett ansvar att för länge sedan ha gjort sig oberoende av den kapitalistiska marknadsekonomins logik. Speciellt de länder med få egna naturtillgångar som Japan kommer drabbas mycket hårt. Så länge de kan göra utbyten av produkter och tjänster gentemot andra länder kan de klara sig. Men priset på det som är allra billigast för oss nu som energi och livsmedel är det som kommer vara dyrast. Det går inte äta en TV vilket länder med produktion av "fel" produkter vid civilisationernas kollaps bittert får erfara. Den globala kapitalismen kommer långsamt haverera i denna tänkta framtid. Varje nationalstat kommer i första hand prioritera sitt eget land och befolkning. Det gäller även klimateffekterna. Tyvärr går det inte att lösa dessa problem utifrån ett ensamhetsperspektiv vilket gör att den globala uppvärmningen aldrig kommer lösas av oss människor. Lösningen består i att vi uttömt alla fossila resurser och kan därmed inte släppa ut mer av växthusgaserna i atmosfären. Men när vi nått den punkten har vi en planet som för längesedan tappat kontrollen på sin egen termostat. Vi rusar mot en framtid som vi inte längre kan påverka. Förfallet har redan startat i och med våra vägval för drygt 100 år sedan. Vi har gjort det möjliga omöjligt de senaste 50 åren genom att bygga upp en värld som klarat av att försörja en befolkning på nästan 8 miljarder invånare. Samtidigt har många fått det bättre än tidigare generationer vilket i sig är unikt under människans historia. Det normala har varit att man fått axla föräldrarnas fattiga och slitsamma liv utan hopp om bättring. Den resan är slut nu och för varje ny generation i framtiden kommer det bli sämre för än vad föräldragenerationen haft det. Detta i en resa mot civilisationernas kollaps.

Venezuela

Ovan scenario kan för många enbart vara en dyster saga men det finns redan flertal nutida exempel på hur en civilisation och nationalstat kan implodera. Venezuela är ett vackert karibiskt land tillhörande Sydamerika som är ett sorgligt exempel på hur snabbt en kollaps av en civilisation kan ske. Trots att de har en av de största oljereserverna i världen kollapsade landet på bara några år på grund av bland annat lägre oljepriser. Som en passus är det ironiskt i sig att det räckte med lägre oljepriser, hur blir det då för alla oljeländer när oljan verkligen är slut. Naturligtvis är det inte hela sanningen att det bara var de lägre oljepriserna som satte landet i en kollaps. I analysen ”Venezuela: Så rikt och så ruinerat” beskriver journalisten Lars Palmgren anledningarna till Venezuelas haveri.[53] Under för många år byggdes landet upp av enbart oljeinkomster och inte något samband mellan skyldigheter och rättigheter. Samhällsstrukturer som bars upp av skatter byggdes aldrig riktigt upp vilket gjorde att så länge oljepengarna flödade in var allt "underbart". När de minskade drastiskt tog allt slut. Mycket stor korruption och utflöde av pengar var andra skäl till att allt kollapsade. Nu är landet endast spillror av det som kunde varit Latinamerikas mest välmående land. Oljeindustrin är utslagen och det finns inte kapital att bygga upp den igen. Tidigare var bensin och diesel i stort sett gratis för invånarna men importeras nu dyrt. Detta i ett land som har mycket stora oljereserver. Det som skrämmer mest är hastigheten på förfallet. På bara några årtionden på grund av felaktig politik, korruption och en tro på den historiskt sett, aldrig fungerande socialismen, är Venezuelas civilisation utslagen. Om en civilisations kollaps kan ske så snabbt på grund av orsaker som egentligen inte alls har med våra mer skrämmande problem som den globala uppvärmningen och förstörelsen av naturresurser. Hur snabbt kan då inte civilisationer haverera på grund av vår förstörelse av planeten. För min del handlar det då inte om ett enskilt lands väg till kollaps utan hela vår globala sammanflätade strukturs kollaps.

53 Utrikesmagasinet – Artikel: Venezuela: Så rikt och så ruinerat

Kriser och krig

Den 24 februari 2022 blev en av de dystraste dagarna för mig som efterkrigsbarn och för det Europa som jag växt upp i. Inte sedan andra världskriget har ett land i Europa drabbats av en invasion. Dessutom det största i Ryssland styrt av en diktator som invaderar det näst största till ytan i det demokratiska Ukraina. Vad det leder till vet ingen men vi får säkert en bättre bild av denna förändring av Europas stabilitet efterhand. Vad har nu ett krig med vår fatala resa mot en miljö- och klimatkatastrof att göra? Det första man kan konstatera är att ett krig aldrig tar hänsyn till människoliv. Om man inte tar hänsyn till det mest basala i att vara människa så tar man definitivt inte några miljö- och klimathänsyn i heller. Bara miljöhistoriker kan sammanfatta vad ett stort krig medför för vår miljö men både du och jag vet naturligt att det är väldigt negativt. Att bygga vapen kräver mycket av våra energi- och naturtillgångar, om man dessutom använder dem sparas det definitivt inte på något. För vad skulle vitsen vara att skaffa dem från början då? Om Europa i fortsättningen får koncentrera sig mer på konflikter och konflikthantering kommer mycket annat i andra hand. Var och en som är människa vill fokusera på de viktigaste frågorna först och det är lätt att prioritera när människoliv står på spel. Fred går före utsläppsminskningar eller smått löjliga skatter för plastpåsar, alltid! Det stora problemet är om kriser eller krig är något som ökar i omvärlden. Den stora förloraren är planeten som är vårt hem. Kan krig och kriser även öka på grund av klimatkrisen och vad innebär det i slutänden? Kan kommande kriser och krig till och med ändra på de klimatmodeller som forskarna tagit fram om en global uppvärmning? Frågor som vi ska titta på i detta kapitel

Pandemin

Vi börjar med en kris som när jag skriver detta, vi precis tagit oss igenom. Covid-viruset var en överraskning när det dök upp. Det är kanske så att de flesta kriser är överraskningar men vi blev verkligen tagna på sängen i att vi fick en så omfattande pandemi och att den spred sig så snabbt. Starten var början på 2020 och flera år senare är vi fortfarande i ett post-pandemiläge som på färden förändrat vanor och mönster. Det första året med stora nedstängningar av samhällena runt om i världen kunde man se en klar utsläppsminskning. Orsakerna var flera men att resa runt som "skottspolar" var inte möjligt. Länder som bokstavligen stängde in befolkningen fick naturligtvis ett bättre klimatavtryck. Miljörörelserna såg ett hopp i vårt ändrade beteende där vi blev tvungna att jobba mer hemifrån och att resandet minskade. Hoppet försvann väldigt snabbt eftersom just dessa förändringar är på marginalen i en värld som använder fossil energi och naturresurser till allt vi förtar oss. Även under en allvarlig pandemi måste världens hjul snurra. Stannar de stannar vi som civilisation i denna enda form vi vill kännas vid. I siffror minskade de fossila utsläppen med

5,4 % år 2020 men ökade med 4,9 % år 2021.[54] Alltså tillbaka till det normala trots en världsomspännande pandemi. För 2022 räknar man med att vi är tillbaka till det normala, ökade utsläpp år efter år. Ironiskt nog har pandemins ändrade mänskliga beteenden medfört ökad miljöbelastning på sina håll. Vi vill vara mer ute och tar bilen till hjälp. Nedskräpningen har ökat och vi skrämmer djur och sliter på naturen i ivern att vara nyttiga och hälsosamma. Önskningarna att efter restriktionerna fortsatt leva som vi gjorde före pandemin kan innebära att vi tar igen allt det missade. Det uppdämda behovet kan innebära att vi reser mer än tidigare. Flyg så länge det är billigt vilket det kommer vara så länge världen inte beskattar flygbränslet lika mycket som bensin och diesel. Bil vid kortare sträckor och för alla som har en sådan. Antalet bilar har nått 1 miljard för hela värden och ökar med ca 4 % årligen.[55] Trenden är att ökningen accelererar allt mer. Pandemin kan även inneburit en bestående beteendeförändring i många länder där biltrafiken är legio. Resa kollektivt var inte önskvärt och i många fall förbjudet när pandemin var som värst. Då fanns det för många två alternativ kvar, arbeta hemma om det gick eller ta sig runt med bil. För många såg man då fördelarna med att slippa trängas med hundratals främmande människor i tåg och buss. Istället kan man sitta i sin kokong till bil ensam och lyssna på sin favoritmusik utan att bli smittad. En härlig frihetskänsla som vi kan räkna med många inte vill släppa i

---

[54] SVT Nyheter – Artikel: Utsläppsnivån snart lika hög som innan pandemin

[55] Teknikens värld – Nu finns det en miljard bilar i världen

första taget. Därmed kan vi räkna med att pandemin inte betydde något alls positivt för miljön utan snarare tvärtom! Om vi nu är fria från pandemins följder rent hälsomässigt så är det miljön och planeten som fått smittan. En smitta som består i en ännu snabbare miljö- och klimatpåverkan för den redan plågade globen.

Kriser

Det finns ett klassiskt album av gruppen Supertramp som heter ”Crisis? What Crisis”. Skivan kom 1975 och för en tonåring då som mig själv tyckte jag det var fascinerande med den härliga ironin i både titel och bildomslag. Jag tror inte gruppen hade någon djupare tanke bakom budskapet mer än att vara typiskt engelskt ironiska. Så här nästan 50 år senare är det en lysande tolkning av hur vi ser på kriser och oförmågan att ta dem på allvar. Vilka kriser när man har det så bra under parasollet!

Källa: Wikipedia - Crisis? What Crisis (Album av gruppen Supertramp)

Att förstå sig på när det är en kris är inte lätt och vad innebär en kris egentligen? Har vi en miljö- och klimatkris eller är det bara en störande tes från vissa håll. När ska vi uppfatta en sak som en kris och när upphör krisen om det verkligen är en kris. Kan man sätta sig under ett parasoll för att bli av med den eller krävs det mer? Om det är något som skett under längre tid, när övergår det då till en kris och vem bestämmer det i så fall? Många frågor kring ett laddat ord som jag tänkt resonera kring för även jag själv är vilsen. Bokens tema är miljö- och klimatkrisen under de senaste 50 åren och vägen till sammanbrottet. Tungt tema med ordet kris inskrivet i syftet. Då börjar vi med varför jag uppfattar det som en miljö- och klimatkris. Utifrån mitt sätt att se på det är det min egen uppfattning blandad med fakta och övertygelse. Övertygelsen kommer från ett antal källor under flera år som presenterat och även lett till bevis att vi är i en kris. Upplevelsen att det är en kris kan jag vara ensam om i värsta fall men då är det kanske ingen kris i ett större sammanhang. Om jag delar uppfattningen med fler så är det större chans att det skulle kunna vara verkligheten. Vi människor vill gärna gruppera in oss utifrån gemensamma uppfattningar. Om jag nu hade trott på reptiloider som de som vill ta över världen hade jag kunnat få styrka i denna kris av grupperingar som haft samma uppfattning. Om grupperingen växer sig väldigt stor och blir världsomspännande, är det då något vi ska ta på allvar och agera utefter detta? Du som läsare får själv avgöra själv var skiljelinjen går mellan förnuft och oförnuft i just det här exemplet. En av de mer avskyvärda villoläror i dessa stökiga tider är att alla påståenden är lika mycket värda. Om 1000 forskare och ett antal länder menar att vi är i en miljö- och klimatkris så har den motsatta åsikten lika stort värde i den här villoläran, även om det presenteras av ett fåtal. Då blir det svårt att någonsin kunna sålla i det som är mer eller mindre relevant och viktigt. Typiska exempel fanns hos en tidigare USA-president i Donald Trump. Hans ogrundade påståenden ansågs av vissa var lika mycket värda som faktabaserade källor. Om man inte kan göra åtskillnad här kommer man aldrig fram till när det kan finnas en kris av någon form. Trump var en av de som satt under parasollet. Kriser av olika form har mänskligheten mött i alla tider. Den största har vi framför oss och en kris som inte alla sett än. Kommer kanske inte göra det i heller. Inget jag tycker vi behöver vara besvikna över för det går inte att få alla miljarder människor medvetna om samma sak. Det finns så mycket annat i livet som just för tillfället är viktigare. Det är till och med så att om du läser denna text så är du redan mottaglig för budskapet. Om du inte varit det hade detta varit rappakalja. Kriser kommer och går men krisen för planeten består så länge vi stannar kvar under parasollet. Jag tror de flesta inklusive mig själv fortsatt vill vara där. Verkligheten vill något annat...

Krig

Jag började kapitlet med det som blev en av de mörkaste händelserna för mig i vår del av världen. Krig! Men har krig en annan påverkan för oss och planeten mer än att människoliv spills? Riskerar vi att antalet konflikter och krig ökar och blir mer omfattande? Ren fakta kring miljö- och klimatpåverkan är inte lätt att finna eftersom det är militära hemligheter i de flesta länder. Ett exempel i siffror är att det amerikanska försvaret släpper ut mer växthusgaser än hela Sverige. [56] Tillverkningen av vapen och krigsmateriel är en stor industrisektor som påverkar klimatet och miljön. En helt onödig produktion om vi inte varit så mordiska av oss. Användningen påverkar ännu mer om man använder vapnen i ett krig och inte bara i övning. Allt det som vapen kan göra mer än att döda medmänniskor, som att förstöra fiendens uppbyggda resurser kräver energi att bygga upp igen. I stort sett alla världens länder har någon form av vapenmakt

---

[56] Sveriges Natur – Artikel: Kriget mot klimatet

för antingen försvar eller anfall, eller båda delarna. Den vanliga konfliktorsaken är kanske ett minne blott om vi går mot en klimat- och miljökatastrof. Kriget i Syrien frammanades bland annat av torka under åren 2007-2010 och kan ha varit en av de första krigen i vår nya tidsålder av klimatförändringar.[57] Vi kan säkert räkna med fler konflikter i framtiden på grund av klimatförändringar som torka, översvämningar och vattenbrist. Hur omfattande och när dessa tar fart kan vi bara uppleva retrospektivt. Det vi kan ta i beräknande är att konflikterna som uppstår på grund av klimat och naturkriser skapar mer av samma sak. Konflikterna och krigen kommer inte att skynda på våra planer att minska på våra utsläpp eller skydda djur och natur. Som ett exempel när detta skrivs. Ryssland har tack vara olja och gas kunnat förstärka en krigsmakt som nu invaderat ett grannland. Ryssland ägnar inte två minuter åt miljön just nu och Ukraina kan inte. Det är två länder med en befolkning på totalt 200 miljoner invånare som tappat alla former av miljö- och klimatfokus. Det är i jämförelse 20 stycken Sverige eller att Sverige skulle strunta i alla former av miljöpolitik i 20 år. Den tiden att förlora har vi inte råd med. Mer kommer att förloras är min uppfattning. Världens största land och även den största diktaturen i Kina börjar ta brösttoner. En liten konflikt i sammanhanget är den med Taiwan men en stormakt vill säkert mer. Alla konflikter behöver inte vara direkt klimatrelaterade men en diktatur på 1,4 miljarder människor kräver enorma resurser som inte alltid finns i landet. De kan man ordna genom handel men även med våld. En förväntad förändring

---

57 Supermiljöbloggen – Artikel: Klimatförändringarna bidrog till kriget i Syrien

av miljö och klimat i Kina kan påskynda detta radikalt. Nästa stora land är Indien med i stort sett lika stor befolkning. Enligt min uppfattning är Indien mer sårbar för de redan pågående och kommande klimat- och miljöförändringarna. Vad gör man om man har hundratals miljoner invånare som svälter. Ber om stöd eller kräver? Tillbaka till inledningen av kapitlet. Klimatmodellerna och målen som världssamfundet sätter upp som helst 1,5 grader och max 2 graders uppvärmning till år 2100 kommer falla som korthus. Anledningarna är många men en som inte finns i någon kalkyl är pågående och kommande konflikter i världen. Det är till att räkna om och räkna rätt för världssamfundet. Några glädjekalkyler har vi inte råd med.

Human ekologi

Rubriken är en uppdelning av ordet Humanekologi som står för förhållandet mellan människan och hennes totala omgivning som är ett tvärvetenskapligt ämne som skär genom allt som människan är.[58] Förledet Human är baserat på latinets ord för människa och Ekologi står för samspelet mellan organismer och den miljö de lever i. Lite snustorr inledning men leder till ett väldigt intressant ämnesområde, tycker jag i alla fall. Vi människor innefattas också i ordet Ekologi för vi är lika mycket organismer som allt annat och vi påverkar miljön mer än något annat. Om vi ville skulle vi kunna uppnå en human ekologi genom att inte påverka miljön så mycket som vi gör nu. Är vi beredda att göra det och vad skulle krävas i så fall?

Humaner

Vi människor skulle kunna kalla oss humaner om vi var det i verkligheten. Om vi vill uppnå ett samspel med naturen eller för den delen, livet på planeten så ser en del att vi behöver anamma ett nytt angreppssätt som inte påverkar djur, natur och klimat i den utsträckning som sker nu. Är det möjligt att vi kollektivt skulle kunna bli en del av naturen igen och inte

[58] Wikipedia - Humanekologi

ge så stora och såriga avtryck som vi hittills uppnått? På ett personligt plan säkert, men vi är ju inte bara individer och individualister utan tillhör en större kollektiv flock. Det är lätt för mig i ett av världens rikaste länder att välja en annan livsstil för jag har först och främst ekonomiska möjligheter. Jag har även tillgång till kunskapen som gör att jag kan sätta upp en plan och mål för förändringen. Du som väljer den nya vägen och livsstilen som att bo på landet, odla dina egna grönsaker, cykla till jobbet, semestra i grannbyn, producera din egen energi kan bli ett föredöme och få fler att välja en ekologi som är human. Det som krävs av dig som redan är inne i det livet är ett mer slitsamt liv som kretsar mer kring dina egna behov och måsten och mindre kring karriär och charterresor. Låter som ett liv som är möjligt men låter inte allt bekant på något sätt?

Bondesamhället

Just det, levde vi inte pådet viset i det gamla bondesamhället! När jag föddes i början på 60-talet hade det gamla bondesamhället nästan raderats ut. Jag har ändå minnesbilder av mina föräldrar och farföräldrars sätt att leva där man i stora mått var självförsörjande. På den gård som nu endast är ett avstyckat torp i moderna ögons mått fanns det både kor, grisar och höns. Det odlades för djurens skull men även för oss som bodde på gården som potatis, andra rotfrukter, grönsaker, bär och frukt. Det var inte för att man hade det som ett nöje utan det var mat för dagen och för vintern. Det slaktades gris till jul och höns och kycklingar vid behov. I ett krisläge skulle man lätt kunna producera i stort sett allt man behövde och inte handla i närmsta affär mer än det som inte går producera på gården. Nu då vi har ett fullskaligt krig i Europa igen skulle gården framstå som den bästa möjliga krisberedskapen, mycket bättre än TV-såpan Mandelmanns så kallade självförsörjande gård. Det som också behövs för en god anpassning till kris och humanekologins lära är att klara energiförsörjningen på ett miljömässigt vettigt sätt. Det ”hand”-verksmässiga i att folk utför sysslor för hand och får energin från maten som man odlar är i sig väldigt ekologiskt. Det blir lika bra om man har hästar eller andra dragdjur för sysslorna och dessa ”drivs” av det man odlar på fälten. Just dragdjuren hade försvunnit från landsbygden redan i början på 60-talet och ersatts av fossilt drivna traktorer. Även andra maskiner som behövdes drevs redan tidigare med elektricitet vilket också är ett steg åt sidan för en oberoende och ekologisk gård. Vintrarna var även kallare på den tiden. Något som jag minns väl att det fanns snö längre tider och kunde vara minusgrader dag som natt. Gården låg i Skåne så för en nutida skåning blir det mest spännande historier kring krigsvintrar eller snöstormar som stängde ner hela Skåne i slutet av 70-talet. Vi fick inte centralvärme från en dieseloljeeldad panna förrän i början på 70-talet. Före var det fotogenkaminer som värmde huset och ännu tidigare vedkaminer. Oljepannan kunde även eldas med ved som var en fördel på en gård som alltid hade något träd som behövde fällas. Klimatavtrycket från den typen av leverne var som allra lägst före moderna traktorer och centralvärme men mer slitsamt och all vaken tid gick åt att få allt till att cirkulera kring livet på gården. En sak som troligtvis alla moderna humanekologer glömmer är att du behöver stor tillgång till ytor för att odla ditt eget, föda upp djur och producera energi. Föräldragården var på 20 hektar som är ungefär som 40-50 fotbollsplaner. Med den storleken kunde man producera så mycket att man kunde sälja en hel del av produktionen som spannmål (säd) och mjölk. I löst beräknade antaganden kan man livnära sig och få energi från totalt 6 hektar där 4 hektar är skog och 2 hektar odlad mark. Sanningen i detta får vi ta som den är för jag har inte någon fakta kring hur många som då skulle kunna försörjas. Om det är en person eller en hel familj? Andra beräkningar anger att man skulle kunna klara sig på så lite som 500 kvm för det man odlar som potatis, grönsaker och rotfrukter. [59] Då skulle en familj på fyra personer kunna klara behovet för hela året förutom det animala i kött och fisk. Det som kan konstateras är att för alla de som bor i en "hyreskasern" finns det inga möjligheter att bli självförsörjande på föda och ännu mindre grad för energin som ändå behövs om vi som civilisation inte ska gå tillbaka till apstadiet. "Gröna vågen" var ett populärt levnadssätt och livsstil på 70-talet. Då flyttade yngre barnfamiljer ut på landet för att bli självförsörjande och leva ett annat liv, lite på vinst och förlust. Rörelsen var politiskt rödfärgad och dog ut ungefär samtidigt som vi gick in i ett annat skede i samhället där det mer handlade om att ekonomiskt förverkliga sig själv. Kunska-

[59] https://www.land.se/tradgard/matt-pa-gront-sa-mycket-behover-du-odla/

pen kring hur det är att vara självförsörjande verkar fortsatt vackla även idag vilket gör att vi inte kommer se någon massflykt ut på landsbygden. Det hade å andra sidan inte fungerat ens i Sverige att 10 miljoner individer skulle börja odla sina egna små lotter som sammanslaget skulle kräva väldigt stora anspråk av åker och skog. En mix i att alla de som har villaträdgårdar och kolonilotter gör sig mer självförsörjande genom egen odling kanske vi behöver ha beredskap kring. Det räcker med ett krig till i grannområdet för att stjälpa all logistik kring vår livsmedelsförsörjning. Det jag inte tror någonsin kommer ske det är att vi gör det frivilligt, inte ens för att det skulle göra skillnad för klimat och miljö. Därav är det mest vackra tankar kring ett nytt bondesamhälle för flertalet. Det är fåtalet kvarvarande bönder vi förlitar oss på för vår mat för dagen. Den tilliten kommer tyvärr inte räcka om vi går in i en värld med radikalt förändrat klimat!

Mängden människor

Att vi är ett däggdjur som har en otrolig förmåga att föröka sig är ett ”understatement”. Den så kallade befolkningsexplosionen sker under tiden som du och jag lever. Svårt att se på daglig basis eftersom vi lever mitt i det. Även den anledning att mitt hemland Sverige inte haft någon befolkningsexplosion jämfört med andra delar av världen. Här har det gått mer i sakta mak medan resten av världen har blivit hundratals fler Sverige på några år. Har befolkningen någon betydelse för den kris vi nu lever i eller kan det till och med vara en styrka? Det ska vi bland annat titta på i detta kapitel.

En kort genomgång

Den människoapa som vi kan härledas till fann sin start på Afrikas savanner för ungefär 7 miljoner år sedan. Därifrån spreds arten ut under årmiljonerna alternativt att flera underarter gjorde det runt om i världen. [60] Vad som gjorde människoapan unik som då Homo sapiens sapiens är dess förmågor jämfört med dess släktingar. Att kunna gå på två ben, anpassningsbarhet (kläder, verktyg), finmotorik (händer, fingrar), förmåga till abstrakt tänkande, visa känslor och empati samt urskilja orsakssamband. En ytterligare och

[60] Wikipedia - Människa

stark förmåga samt en av de viktigaste är att tolka språk och symboler. Av alla dessa egenskaper är inga unika i djurvärlden men alla paketerade i en och samma art är i sig unikt. Att vara människa var inte en lätt uppgift vilket historien visar i att vi inte nämnvärt ökade i mängd. För så nära tidsmässigt som 100 000 år sedan höll Homo sapiens på att utrotas. Detta troligtvis av förändrat klimat på grund av ett vulkanutbrott på Sumatra. För 40 000 år sedan hade vi hämtat oss och lyckats kolonisera stora delar av världen. För 10 000 år sedan hade vi lyckats kolonisera alla världsdelar samtidigt som den senaste istiden höll på att ge sig. Under i stort sett hela utvecklingsperioden var människan jägare och samlare. Ett första steg mot vårt moderna sätt att leva var att vi blev nomader genom att vi lyckades tämja nyttodjur. Nästa steg och det avgörande var att vi lärde oss att odla jorden. Därmed var vi tvungna att bli bofasta vilket krävde en mer komplex organisation vartefter som samhällena växte. Alla tidigare uppräknade egenskaper kom väl till pass när vi blev den ”moderna människan”. Från de första bosättningarna och samhällena vid Eufrat och Tigris spreds den nya formen av civilisation snabbt. Med en samlad bosättning där maten fanns utanför dörren i odlingar och tamdjur gjorde samhällena starka och tåliga. Man kunde fördela arbetet så alla inte behövde göra samma sysslor och därmed dök de första experterna upp. Man kunde även skydda sig själva och allt av värde med att inhägna eller bygga murar mot rovdjur och mänskliga fiender. De som valde att leva som jägare eller nomader hade svårare att utvecklas. Samhällena var oftast bara en flock och därmed kunde inte styrkan i olika individers förmågor adderas. Den största nackdelen var att man var tvungen att vara rörlig och ta med sig allt man ägde när man flyttade runt för att finna nya jaktmarker. Antingen kämpade man vidare med det ursprungliga livet eller så sögs man upp i de växande samhällena. Det som även utvecklades kring de första samhällena som vid Eufrat och Tigris var handel. Om man hade överskott av något kunde man byta eller sälja detta till en grannby och därmed utvecklades även penningsystemet som fortsatt är rådande i världen. Från de första avancerade samhällens bildande för ungefär 5 000 år sedan har befolkningen ökat mer eller mindre oregelbundet. Grunden har ändå varit den typ av samhällsskick som vi lever i nu. Några radikala strömningar till tidigare eller nya samhällsskick har aldrig skett. Svaret på frågan är troligtvis att det är ett väldigt effektivt sätt att administrera oss som människor. Passar vår fysik, biologi och egenskaper. Resan mot dagens häpnadsväckande stora folkmängd hade därmed börjat och vi vet inget om var det slutar.

Mängden?

Om vi tittar på ett diagram på befolkningsökningen i ett historiskt perspektiv där vi går så långt tillbaka som 12 000 år ger diagrammet en overklig bild av utvecklingen. I stort sett all befolkningsökning har skett de senaste 500 åren.

Källa: SO-rummet – Jordens befolkning

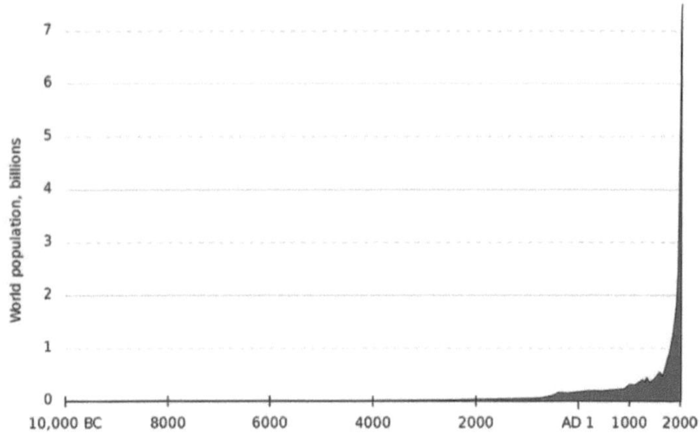

Om vi istället tittar med förstoringsglas på de senaste 200 åren är det lättare att se den exponentiella ökningen i detalj. För så nära som 200 år sedan var vi 1 miljard människor. Mycket om man betänker hur få vi var när vi vandrade på savannen. En ny fixpunkt är 1950, direkt efter andra världskriget då vi nådde 2,5 miljarder människor. Det går inte ens se att det blev ett hack i kurvan under världskriget, därefter har hastigheten bara ökat. Vi är nu ungefär tre gånger så många som strax efter andra världskriget.

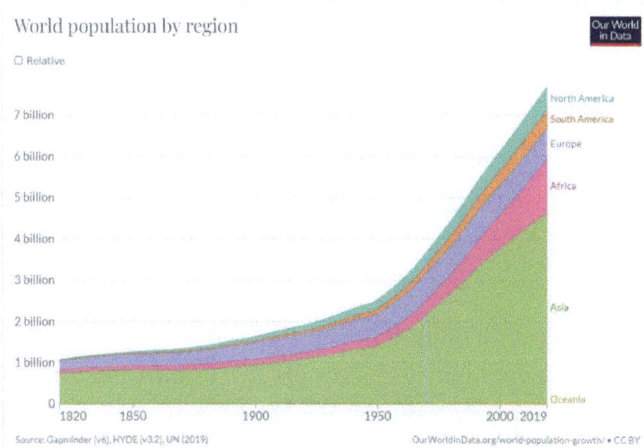

När jag föddes på 60-talet fanns det 3 miljarder på vår planet. 60 år senare har vi nått 8 miljarder. Alltså 5 miljarder fler eller en ökning med 170 %. Vad hände egentligen däremellan? Min enkla teori är att vi fann ett sätt att organisera oss och även föda oss som var så mycket framgångsrikare än tidigare under historien. Om man lyfter på svaret lite mer så verkar det som att befolkningsexplosionen går hand i hand med ökningen av användningen av fossil energi. Samt även då utsläppen av den förgörande koldioxiden. Omvänt, hade vi inte haft så stora tillgångar av energi hade vi inte varit så stor världsbefolkning. Vilket som är hönan eller ägget i detta kan man undra. Är det den ökade befolkningen som gett en hävstångseffekt i utvecklingen eller är det tillgången till nästan gratis energi som orsakat befolkningsökningen? I vilket fall så finns det ett klart samband mellan billig energi och en befolkningsexplosion. Jag vill hålla fast vid att kalla de senaste 60 åren för befolkningsexplosion eftersom detta aldrig tidigare hänt i människans tidsålder.

Vår samlade hjärna

Den samlade hjärnkapaciteten har teoretiskt ökat trefaldigt sedan andra världskriget som ett intressant exempel. Om vi tittar tillbaka på de uppfinnare som fanns tillbaka i tiden så har jag en favorit i Leonardo Da Vinci [61]. Hans namn fick man höra redan i skolan och fascinerades över hans förmåga att täcka många områden från konstnär, anatomist till konstruktör. Hans otroliga bredd och skicklighet inom många områden imponerade. Flera av hans förmågor kan jag inte upprepa som det artistiska men för en modern människa är Da Vincis konstruktioner av olika maskiner lätt för en individ på 2000-talet att tänka fram. Det krävs så mycket mer grundkunskap för oss i nutid för att ens klara av att leva i våra moderna samhällen. Bara vår skolgång var en halv livstid för en vanlig människa på 1500-talet. Leonardos skolgång vet jag inget om men den var knappast som den svenska med förskola, grundskola, gymnasium och högskola. Sammanlagt kanske 15-16 år av våra enda liv. Då för 500

---

61 Historiesajten.se – Leonardo Da Vinci

år sedan krävdes inte all denna kunskap för att klara av ett dagligt liv och de flesta hade ingen eller väldigt liten skolgång. Ett universalgeni som Da Vinci hade en annan arena då jämfört med vad vi 8 miljarder har nu. Jag har själv följt Leonardo i spåren genom att både ha besökt hans födslohem i Vinci i Italien och hans hem för några år i Château of Clos Lucé i Frankrike. Båda museer idag. Faktiskt båda platserna lite av en slump där byn Vinci var på vägen runt Toscana och Clos Lucé när besöket i Frankrike var av andra syften egentligen. Kanske en ödets ironi när Da Vinci funnits med i mitt sinne från barnsben och en av de historiska personer som gjort störst intryck på mig och även många andra. Det är inte längre möjligt att vara ett universalgeni. Världen är så komplex så du kan inte längre vara den som skapar många olika nya konstruktioner eller uppfinningar själv. Det görs istället i team där vi drar nytta av den gemensamma hjärnkapaciteten. Därav skulle man kunna dra slutsatsen att ju fler vi är ju mer kan vi skapa och prestera för att utveckla vårt samhälle. Även våra förutsättningar i att föröka oss, föda oss och att leva längre. Ju fler mänskliga hjärnor desto längre finns varje individ på vår jord och varje nyfödd har större chans att leva ett längre liv. Helt enkelt en kraftfull hävstång som vi kanske nått av en slump. Da Vinci och hans medmänniskor lyckades inte med den bedriften så varför nu? Ett enkelt svar är återigen tillgången till billig energi. Om vi kan ägna mindre tid åt att finna mat för dagen, undvika konflikter och sjukdomar kan vi använda hjärnkraften till annat istället. Den billiga och lättillgängliga fossila energin är nyckeln till alla moderna framgångar. Inte vi själva! Frågan som kvarstår är om vi kan vända hjärnan 180 grader mot problemet som tidigare var lösningen. Att jorden på grund av energianvändningen riskerar koka bort av de globala fossila växthusgasutsläppen?

Räknas antalet?

Har det någon betydelse hur många vi är på denna halvt förstörda planet? Absolut för det är befolkningsexplosionen som gjort att vi ökat förbrukningen av energi till stora delar. Det är inte bara att vi blivit mer tekniskt moderna och kräver mer energi per individ. Ett lätt exempel är de senaste 60 åren då vi ökat världsbefolkningen med nästan tre gånger. Hade vi inte gjort det hade utsläppen och miljöförstörelsen varit en tredjedel om allt annat varit detsamma. Är det så enkelt att då säga att det är antalet människor på jordklotet som är roten till det onda? Ja om man vill se det helt utifrån. Det är vårt eget fel att ha tappat kontrollen på vad jordklotet klarar av från en enda art av däggdjur. Vi kan inte skylla på något annat eller andra livsbetingelser på klotet. Om vi tittar mer inifrån oss själva är vi bara en av alla de skapelser som jorden utvecklat under miljarderna. Allt levande har redan vid jordens skapelse nyckeln till livets överlevnad i generna. Att överleva och föröka sig. Vi är där lika logiska som bakterier. Överlevnads- och förökningsreflexen slår ut alla mer logiska göromål. Vi kan aldrig ta oss ur ursprungets ”bojor” och därmed är vi dömda att i alla lägen alltid prioritera denna fråga. Kvittar hur många vi redan är på jordklotet. Därmed är vi dömda att trängas på den gröna yta som planeten bjuder oss. Oberoende vad som kommer att hända. En förbannelse som kommer vara så länge vi existerar som ras. Tänk om det är möjligt att använda den gemensamma hjärnan i miljarder individer. Då skulle vi kunna vända utvecklingen och uppnå en friskare och mindre varm planet.

Den ensamma människan

Vi som människor är en komplex natur som både är en social varelse som lever i flock men som även är beredda att bli ensamma på denna vår enda planet. Jag tänkte ta er med på en resa i vårt gemensamma sinne samt mitt eget för att utröna hur ensamma vi är, och kommer att bli. Den ensamma människan i någon form av tillvaro mötte jag brutalt en i en av de mest banbrytande Sci-Fi filmerna som gjorts. Som 18-åring blev man rejält uppskrämd i biofåtöljen när man såg filmen Alien. Filmen handlar om en besättning på en rymdfärja som får signaler från en främmande planet, besöker den, får med sig en livsform tillbaka till rymdfärjan där den växer till sig och blir en predator som tar död på alla i besättningen utom huvudpersonen. Filmen slutar med att Ripley som hon heter, fortsätter färden i en "livbåt" i den skrämmande tomma rymden. Vi har alltid varit fascinerade av vad som finns bakom nästa kulle, ocean eller planet. För att ta steget och se bakom kullen så krävs det att man lämnar tryggheten i den sociala gruppen och ensam eller i liten grupp ger sig iväg. Vi som art hade inte haft så stora framgångar om det inte fanns individer som var beredda att lämna den trygga sociala strukturen och ge sig iväg ensam på en okänd resa. Vad är det som gör att vi både kan vara trygghetsknarkare i ett socialt sammanhang men även ensamvargar? Är vi fortfarande desamma trots tusental år som arten människa eller har vi förändrats till viss del? Har vi en känsla för en samhörighet som går utanför gruppen och kan se naturen som en del av denna tillvaro? Eller är det bara en störande kuliss?

Naturen versus oss

En större beskrivning på vår väg från savannens apor till nutida människor behöver jag inte göra för den historien kan ni. Det jag vill lyfta upp är om vi någonsin gått med naturen eller om vi sett oss som individer som står över den eller i alla fall försöker göra det. Den halvapa vi en gång var hade samma beteenden som dagens vilda apor som t ex. orangutangen. Att leva ett socialt liv i en flock, finna föda och skydda flocken från fiender som både består av andra djur och andra flockar av orangutanger. Ett väldigt rationellt beteende uppbyggt av miljarder års evolution. Finns det några känslor eller djupare insikter i ett sådant beteende? Mycket bör ju vara programmerat i DNA:t och inget som resoneras fram. Våra släktingar och föregångare var i symbios med naturen på det sättet att anpassningar skett till vad som fanns som föda, val av kroppsform för att hitta föda och skydda flocken. Det blir lite svårt att veta vad som kom först, apan eller miljön runt omkring. Naturligt borde anpassningar skett utefter miljö och natur eftersom floran var en äldre skapelse än de djur som tog sig från havet upp på land. Finslipning av arterna har skett löpande och sker även nu men inget vi ser med egna ögon eftersom vår tid på jorden är en blinkning jämfört med. Med en hastig men inte så klok tanke kan vi uppfatta våra kollegor i djurvärlden, aporna som stillastående utvecklingsmässigt. Det enda vi gjort är att kliva ut från naturens inramning till ett liv utanför. Är vi inte då ensammare än de som är kvar och omfamnade av naturen och livet? Klarar vi av ett liv utanför i en förlängning eller har vi gått vilse på vägen? Vad är egentligen målet med vår resa och varför är vi inte kvar där vi hör hemma? Många frågor som jag själv inte vet svaret på men kan i alla fall resonera kring. Den första frågan att fundera på är om vi är mer ensamma nu när vi är miljarder individer än när vi var en flock i regnskogen? Troligtvis skulle jag säga för vi har bara oss själva att ty oss till. Våra fiender är även bara oss själva i vår nästa eller en galen diktatur, motsvarande en annan flock någonstans. Den här enkelspårigheten kan göra att vi bara ser oss själva i allt. Allt som betyder något är skapat av oss själva och ingen okänd faktor som ett jagande rovdjur eller en åskstorm. Vi har ingen glädje i att naturligt finna mat för dagen genom jakt, fiske eller insamling av frön och nötter. Det mesta är rationellt serverat och fokus ligger på senaste börskurserna eller modetrenderna. Minns vi ens vad vi lämnat och finns det något kvar i vårt DNA som påminner oss om detta kan man undra?

Aliens 2.0

Som jag inledde med så är vi beredda att vara alienerade från naturen och planeten. Vi har redan tagit oss väldigt långt från naturens sköte till ett liv som lika väl kunde levas på en annan planet. Det mesta är frikopplat från naturens så kallade bojor. Resan startade när vi blev bofasta och skapade våra samhällen. Inte så många generationer sedan och vägen framåt ser likadan ut så länge den finns. Vi människor har frikopplat oss från naturliga och miljömässiga beroenden som föda, hälsa, skydd, värme eller kyla. Vi kan teoretiskt klara oss från allt detta för vi har byggt upp strukturer som löser det som en annan art fått leva i ovisshet kring varje dag. Den stora källan är "frikortet", fossil energi. Vi bokstavligen eldar upp våra förfäders flora och fauna för att skapa denna frihetskänsla. När vi tömt den fossila floran och faunan är vi också tomma, tomma på lösningar. Vi är inte där än men vägen dit blir ensam för vi har lämnat vårt ursprung bakom oss.

Religion och Tro

Tro och religion har präglat vår tillvaro så länge vi har kunnat uttrycka oss. Det verkar vara ett universellt behov att förklara det som inte går förklara i en slags tro. Vi söker även en tro i vår sorg eller i den stora frågan : ”Vad är meningen med livet? ” Tron har från något enkelt för en mindre grupp människor med tiden gått över i institutionella religioner. Religionerna har under tusentals år påverkat människor på individnivå men även inneburit förändringar som påverkat hela nationer och världsdelar. Vad kan religion och tro ha med vår ödesfråga klimatkrisen att göra kan man undra? Kanske mycket mer än vad vi anar.

Religioner

Jag kan nog inte från mitt håll hitta någon del av vår civilisation som inte har någon form av religion i sitt samhällsliv. Det finns väldigt många religioner men vi nöjer oss här med de som är världsomspännande. De är i storleksordning: Kristendom, Islam, Hinduism och Buddhism. Nära 5,5 miljarder människor utövar eller tillhör dessa fyra religioner. Finns det några gemensamma nämnare i dessa religioner och i så fall vilka? Religionerna är alla organiserad tro, en övertygelse att det finns en högre sanning som står över oss människor. Religioner har som gemensamt problem att leda sin tro till bevis. Det stannar naturligt där för hade tron kunnat bevisas hade vi kallat det kunskap istället. En religion har sin plats i samhället men kan aldrig ersätta kunskap. Kunskap som vi nu till exempel har om klimatkrisen. Om vi hade varit helt styrda av religioner hade vi inte ens pratat lösningar utan snarare vänt oss mer inåt mot tron istället. Kan våra religioner hjälpa oss i arbetet med att rädda vår planet? Det kan vara möjligt om vi lyckas skilja på tro och kunskap fortsatt. Att var och en gör det den är bra på helt enkelt. Tro i en religion är både överordnad i det som finns i makten och i ceremonierna, men även individuellt i varje enskild utövare. Den enskilde kan känna hopplöshet inför hotet från klimatkrisen och agera på två olika sätt. Antingen se sin egen del och ansvar som individ och agera, eller vända sig till tron och få stöd och tröst där men bara som en ceremoniell akt. Det sistnämnda är den oroväckande reaktionen för skulle miljarder religiöst troende agera på det viset riskerar kunskapen förlora kampen och därmed kommer vi passivt bevista undergången. De religiösa makternas prästerskap eller motsvarande kan göra stor skillnad genom att stödja det civila samhällets problem som klimatkrisen. Det sker också runt om i världen. Frågan är bara om det inte är lika mycket en passivitet eftersom frågorna är utanför religionens ramar och därmed finns det inga klara svar i någon skrift. Möjligtvis är det ett normalt sätt för religionerna att hantera komplexa civila frågor och som även skett tillbaka i tiden. Då är inte skadan så stor. Det som jag ser som en större risk är att många troende vill förenkla sin tillvaro i möjligaste mån. Då kommer vi få många som vänder sig till en högre makt och hoppas på det bästa. De som finns kvar med fötterna på jorden är i klar minoritet. Då är en större förändring mot en bättre värld klimat- och miljömässigt förlorad.

Tro

Jag gör en tydlig distinktion mellan tro och religion. Tro kan i stort sett vara vad som helst som inte går att bevisa och är i många stycken motsatsen till kunskap. I just ämnet den globala uppvärmningen har det blandats tro och kunskap om vartannat. Det sker säkert inom andra ämnesområden också utan att man skänker en större tanke åt det hela. Att den globala uppvärmningen och klimatkrisen fått fler att använda argument som mer eller mindre är tro är nog för att det är en så stor fråga. Den genomsyrar allt och alla på något plan. Ett sätt att förenkla är att finna något som övertygar om att man inte behöver göra något eller att man är fri från skuld. Andelen som utövar eller uttalar en tro mer än en åsikt baserad på kunskap när det gäller klimatkrisen går nog inte att veta exakt. Jag själv väcktes av ett tvivel på ett sätt som nu i en återblick mer blir en anekdot. För sådär 15 år sedan jobbade jag tillsammans med en kollega som redan då hade fångat upp vilken väg vi var på väg mot kring klimat och miljö. Han ville gärna sälja in budskapet till oss mindre ”troende” när tillfälle gavs. Vi var några som skojade med honom då och då och propagerade glatt för den motsatta åsikten. Ärligt trodde jag inte på allt han sade och tyckte han tog i. För att verkligen få fram budskapet, gjorde han som en god gärning att alla i den ledningsgrupp vi satt i fick en DVD med Al Gores dokumentär ”En obekväm sanning”. Allt inhandlat på företagskortet. Vi tackade artigast för gåvan och vår VD mumlade något om vad detta hade med oss att göra? Såhär ett antal år senare är jag mycket gladare över att ha fått en introduktion i klimatkrisen som vi står mitt i. En motsträvig person som jag fick en ögonöppnare vilket jag tackar honom verkligen för nu! I en svensk undersökning gjord för några år sedan anger uppemot 25 % av befolkningen att de är från mindre till stor del skeptiker. De som är klimatförnekare till stor grad är 6 % av de svarande. Klar övervikt bland männen på 9 %.[62] Andra länder har gjort motsvarande studier med liknande resultat men oftast är det de utvecklade länderna som man gjort undersökningarna i. Sverige som land sticker ut i att majoriteten av de tillfrågade inte tycker vi kan eller vill göra så mycket mer i klimatfrågan. Samma uppfattning gäller både för individen samt för samhället i stort.[63] Förvånande tycker jag att vi försöker framstå som väldigt präktiga i internationella sammanhang men att vi har en annan likgiltigare agenda här hemma! Kanske vår vanliga svenska dubbelmoral som lyser igenom igen. Politiken i Sverige har redan färgats av denna klimatförnekelse i

62 Göteborgs Universitet – Svenska klimatförnekare: https://www.-gu.se/sites/default/files/2021-06/Svenska%20klimatf%C3%B6r-nekare%20F%C3%B6rhandspublicering.pdf

63 YouGovAmerica - https://today.yougov.com/topics/politics/artic-les-reports/2019/09/16/global-climate-change-poll

smyg. Frågan kommer nog bli allt mer besvärande för de som trott Sverige skulle fortsatt vara ett föregångsland. Det finns starka ekonomiska intressen som vill föra klimatfrågan mot en förnekelse. Likt tobaksindustrin tillbaka i tiden så lär inte oljeindustrin vara ett dugg neutrala utan propagera för sina egna intressen. Går det att finna forskare, politiker och en allmänhet som stöttar dem är mycket vunnet. Flera makthavare har använt oljeindustrins argument utan någon slags filtrering. Den tidigare presidenten Donald Trump är det tydligaste exemplet på hur rena lögner kan levereras och uppfattas som sanningar hos allmänheten. Ett sådant exempel är relativt lätt att detektera och därefter motargumentera. Det är värre med de dolda agendorna som lindas in i andra argumentationer. Du kan säkert själv finna dessa hos Sveriges politiker från och till. Att vi som människor har olika uppfattningar är inget konstigt. Det är när uppfattningarna går över till en mer fanatisk tro som det börjar bli farligt. Farligt för frågan i sig men även för samhället. Vi kommer se mer av det från både förespråkare och förnekare i framtiden är jag övertygad om. Ett par exempel är de klimataktivister som blockerar vägar för att sälja in sitt budskap. De är beredda att med olagliga medel och risk för fängelsestraff genomföra aktioner. På den andra sidan växer förespråkare med övertygelsen att klimatkrisen inte finns. De kan även ta till olagliga metoder för att sälja in sitt budskap. Även ta kampen mot de som förespråkar motsatsen och i skärningslinjen med våldsamma inslag från båda sidor. I denna kamp är det sanningen som är den stora förloraren. Det blir då allt svårare att föra en diskussion baserad på kunskap och fakta. Där mitt emellan står vi som är allmänheten. "Krigets första offer är sanningen" är ett välkänt uttryck. Tyvärr kan vi nog räkna med att sanningen får stryka på foten i den fortsatta striden kring klimatkrisen. Det finns för många som inte är beredda att förlora eller förändra men kommer troligtvis vara mer bromsklossar än rena motståndare till frågan. Ett effektivare sätt för hur lätt är det att kritisera de som hör vad som sägs men agerar som om de inte hört. En jämförelse är den svenska rasismen som under många år aldrig uttalades offentligt. Vi var otroligt skickliga på att dölja den vardagsrasism som ständigt florerade. Klimatfrågan är detsamma egentligen. Är det uppemot en fjärdedel av svenskarna som inte ser klimatfrågan som speciellt viktig har både du och jag några i vår familj och i vänkretsen. De vet precis som med frågan kring rasism att uttala sig som om man är "troende" men sedan i det dagliga leva som vanligt. Kan denna stora minoritet bli troende i frågan så att de agerar utåtriktat och påverkar debatten och besluten? Jag själv tror inte det kommer hända i Sverige men har ingen aning vad som kan ske i resten av världen. Det jag tror kommer ske istället är att man använder politiken och valdagen att tala om sina åsikter genom ombuden i de valda politikerna. Vi har redan sett början till detta och det kommer accelerera. Det parti som levt på rasistfrågan kan lägga till klimatfrågan så är de vinnare igen! Ett mycket praktiskt sätt att föra fram våra åsikter utan att blotta sig. Alla nickar gillande kring miljön som stor fråga men röstar tvärtom. Allt snyggt dolt i valsekretessen. Samma taktik kan gälla alla demokratiska länder. Även då är en större förändring mot en bättre värld klimat- och miljömässigt förlorad.

Kan vi förändras eller...

En övergång från fossila energiformer till klimatneutrala är fullt möjliga rent tekniskt. Något som jag konstaterade i avsnittet kring vår energiförsörjning i världen. Det som även krävs är vi människor och alla beslut och aktiviteter för att föra oss fram till ett paradigmskifte, eller energirevolution om man vill dramatisera den livsavgörande frågan. Har vi lyckats bygga upp en olje-, kol- och gasbaserad värld kan vi bygga upp en baserad på andra energiformer. Det vi har emot oss är tiden och oss själva. Tiden som jag angav i förra avsnittet var 30 år och därmed fram till år 2050. Då kan vi kanske bara ha värmt upp planeten 2,0 grader och därmed inte riskera de värsta skräckscenariona. Det vi ständigt har som motståndare är oss själva. Kan vi miljarder människor samordna oss och sikta mot det enda gemensamma mål som betyder något i framtiden, att det finns en framtid?

Den komplexa människan

Även om jag inte känner alla övriga miljarder människor eller ens vill känna dem är vi ändå varelser som urskiljer sig från allt annat levande. Det är där vi har vår styrka. Vi är på ett allmängiltigt plan väldigt lika varandra. Vi äter, sover, älskar, drömmer, dör. Däremellan har vi lyckats göra stor konst, fantastiska upptäckter och uppfinningar samt nästan slagit ihjäl varandra som ras. Vi kan samarbeta på både lokal som på global nivå och med människor vi aldrig träffat innan. Vi kan förstå varandra utan att förstå varandras språk. Vi är flockdjur men klarar även att leva som enskilda individer samtidigt. Vi kan vara allt och detta nästan samtidigt! Det bör vara en bara grogrund för att ta oss de få steg tidsmässigt som vi har för att förändra vårt energiberoende. Pandemin visade att vi kan som världssamfund verkligen samarbeta och anstränga oss när det krävs. Jag tänkte ta just pandemin som jämförelse och illustration för hur motsvarande skulle kunna arta sig om klimatkrisen var pandemin.

Pandemi versus klimatkatastrof

Något facit för covid-pandemin har vi inte riktigt än men nästintill. Var pandemin startade har inte någon betydelse här utan hur den spred sig runt om i världen. Det är lätt att göra en jämförelse med klimatkrisen för den slår också olika och olika regioner och länder drabbas olika och inte alls med någon gudomlig rättvisa. Det som skedde i början var att varje land fick klara sig självt och fann på olika lösningar för att mildra framfarten av covid. Kunskapen var låg men spekulationerna många. Utifrån redan omfattande kunskap och forskning visste man vad man hade att göra med. Det har vi även kring klimatförändringarna där vår kände svensk Svante Arrhenius beskrev koldioxidens påverkan redan i slutet av 1800-talet. Han var även förste svenske nobelpristagaren. Forskning och vetenskap har räddat världen från en hotande pandemi. Nu försöker forskningen finna lösningar för att rädda oss som människoras från de värsta drabbningarna av klimatförändringarna. Parallellt har tusentals forskare jobbat på bevisen för klimatförändringarna och konsekvenserna. Vaccin togs fram betydligt snabbare än vad någon räknat med. Vaccineringen tog fart men var under lång tid en trång sektor i att produktionen inte var tillräckligt snabb. Västvärlden var som många gånger tidigare snabbast på bollen och hade de effektivaste vaccinerna. Den vision som målades upp att alla skulle omfattas av vaccineringen i lika stor grad var en lögn. Tredje världen fick för det mesta vaccinet som allmosa. Det fanns även en misstro i många länder till vaccinet. Många alternativa farhågor spreds och i vissa fall ansågs vaccinet farligare än pandemin. Några länder hade en mer drastisk lösning till pandemin. Lås in alla i smittade områden och släpp ut dem när smittan är borta, om den försvinner. Kina satsade på denna auktoritära lösning men glömde satsa på att utveckla bra vacciner. Jag tycker det är intressant så här några år efter pandemins början att jämföra vaccinationsgraden i några välkända regioner och länder. Vi kan omfatta en hel världsdel i att Afrika ligger sämst till av alla världsdelar med en bedömd vaccinationsgrad på 25 %. EU-länderna ligger på 75 %. Hade varit klart bättre om inte de östra medlemsländerna haft en tveksam syn på behovet av vaccin. Den store i öst i Ryssland släpar efter med endast knappt 60 %. Kina ligger teoretiskt bra till med 90 % men har satsat allt på de yrkesarbetande och inte på de äldre. All denna statistik från "Our World in Data" baseras på den första vaccinsprutan. Många länder har inte vaccinerat befolkningen flera gånger som här i Sverige. Vad har nu denna genomgång med klimatet att göra? Jo om vi med pandemin som facit får ett så skiftande resultat mellan länder och världsdelar, hur kan det då inte bli när vi ska genomföra energiskiftet? Trots stora ambitioner och stora ord när pandemin drabbade oss blev resultatet annorlunda och klart sämre. Vi kan med det resultatet vara glada över att covid-smittan verkar haft sin höjdpunkt som farsot runt om i världen. Det ger tyvärr även råg i ryggen för alla "antivaxxare" eller övriga som argumenterar mot samhällets påbud. De flesta som stått utanför vaccinationerna har ju klarat sig från smittan trots allt. Pandemin har ett bäst före datum och klingar ut naturligt efter en viss period. Så har skett med andra farsoter som digerdöden och kommer ske med Covid-19. Koldioxidutsläppen och andra klimatgaser har också en avklingning men ett helt annat tidsspann. Det vi tillfört atmosfären under en väldigt kort tidsrymd på 50-100 år stannar kvar i hundratals till tusentals år i atmosfären. Då blir det tufft om inte katastrofalt om vi hanterar klimatutsläppen på samma sätt som pandemin. Det räcker inte att vi når de framgångar som nåddes för att mota bort covid-19. Vi behöver göra tusenfalt mer. Klimatgaserna klingar kanske ut hundratals år långsammare än pandemiviruset. Vi når inte nollutsläpp i hela världen om vissa är skeptiker eller motståndare till frågan. Inte heller om länder eller hela regioner anser att det inte är en viktig fråga för stunden eller tycker att andra får bidra men inte själva. Skillnaden är monumental och kan sammanfattas i en mening. Pandemin krävde inte en absolut trohet till lösningen i vaccin, klimathotet kräver mer än trohet, den kräver en slutgiltig lösning.

Vilja versus ovilja

Det är 30 år sedan den första FN-konferensen kring klimathotet genomfördes. Det som i dagligt tal kallas COP. Vi börjar närma oss det trettionde mötet och året. Ni har säkert inte reagerat på om det är nummer COP 26, 27, 28 osv. för det är något ständigt återkommande. Framgångarna hittills väldigt få om man ser till antalet år. Skulle vi hållit motsvarande takt kring Covid-pandemin vet jag inte hur världen sett ut. I mitt scenario har jag siktat ytterligare 30 år och då mot framtiden. Kan vi skynda på processen och bli lika resoluta och handlingskraftiga som kring pandemin? Troligtvis inte alls. Det är för mycket som står på spel och för komplex fråga för att vi ska kunna fokusera på lösningarna. Man brukar säga att av tre saker kan vi klara av att sortera ut en. Är en fråga enkel är det alltid lättare att ta beslut och genomföra. När vi möts av tusentals små frågor som kräver beslut klarar våra hjärnor inte av det längre. Klimatfrågan har för många i västvärlden blivit tiotusen frågor. Plast- eller tygpåse, närodlat eller billigt, krocksäker bil eller elsparkcykel, kött eller igenväxta betesmarker, vindkraft eller kärnkraft, leva miljövänligt eller som medelklass. Alla stora som små frågor blir lika viktiga och ingen kan ge oss en guide i denna djungel av fördummande välvilja. Motsatsen finns säkert i andra delar av världen där valen inte ens nämns. Fokus är att klara dagens slit och ha mat på bordet. Lyxen att fundera på närodlat i kruka eller ekologiskt från Colombia finns inte. Viljan finns hos oss i den överflödsmättade västvärlden men slår över i en ovilja att verkligen göra något som gör skillnad. De som är i situationen att inte kunna välja har inte ens chansen att vara villiga eller ovilliga. Hur ska vi då omvandla kunskap och fakta till vilja i en värld där det finns över 200 olika länder, hundratals religioner, tusentals språk, extrem fattigdom till ofattbar rikedom? Det är det som FN som gemensam sammanslutning försökt med sedan andra världskriget. Alla världens länder är välkomna och har en röst. Rösten är tyvärr inte lika mycket värd vilket gärna avspeglas i säkerhetsrådets fem permanenta medlemsländer. FN har inte lyckats speciellt bra när det gäller huvudfrågan, fred på jorden. Vi har inte haft fler världskrig men konflikter sker ständigt. Hur bra riggad är egentligen en organisation som inte ens lyckas med huvuduppdraget att klara fredsfrågan? Troligen och bevisligen de senaste 30 åren inte alls. Att samla alla länder, måla upp en gemensam hotbild, ta fram aktiviteter och sedan resolut genomföra dem. Det klarar inte ens en företagsledning på 5-10 personer kring deras mindre viktiga frågor för mänskligheten. Att FN någonsin ska klara det är inte troligt som jag ser det. Om det sker långsamt är det inte värt något. Vad saknas då för att FN ska lyckas. Viljan! Långt inne i varje människa finns det en önskan att allt blir som det var. Det gäller även världsledare eller andra personer i maktställning. För de som är valda demokratiskt riskerar att inte bli omvalda om besluten inte gillas eller är för radikala. För de som valt sig själva som i diktaturer ser sitt maktinnehav raseras eller deras huvud förkortas om besluten inte gillas. Man kan lätt påstå att det finns en stark ovilja att genomföra drastiska åtgärder för klimatet och miljön. Det drabbar de som tagit besluten om det uppfattas för radikalt eller som en förlust i nuet. Därför är strategin att ta myrsteg för att visa att man gör något men aldrig gå längre än att man blir omvald eller har kvar huvudet. Viljan är för längesedan omvandlad till en dold ovilja. Varken du eller jag kan någonsin få ett erkännande från de som kan förändra vårt sätt att leva att det är så. Den dagen är den dagen de tappar makten. Makten och möjligheten till omval blir viktigare än planetens välbefinnande på lång sikt. Mitt påstående är inget jag kan bevisa rakt av men 50 år av förlamning och de 30 senaste trots regelbundna FN-möten i COP1-XX utan förändring talar ett rätt tydligt språk. Koldioxidutsläppen har konstant bara ökat under de här åren. Ända från min barndom i en lite yrvaken industrialiserad värld till dagens genomkapitaliserade värld. Jag skyller inte kapitalismen för vår situation när det gäller miljö- och klimatkrisen. Det hade kunnat vara samma resultat med någon annan -ism men nu har vi bara en ideologi kvar på världsarenan. Det finns inget som skulle tala för att någon annan ideologi skulle ta över de närmsta decennierna. Om vi finner en ovilja, även om den är väl gömd hos politiker och makthavare så finns den desto mer hos kapitalisterna. Vilka är då kapitalisterna kan man undra? Min definition är alla som aktivt deltager i privata verksamheter där tjänster och varor byter ägare i en ekonomi som styrs av tillgång och efterfrågan. Troligtvis är både du och jag kapitalister, antingen på heltid i ett yrke eller till och från på fritiden. På fritiden kan det vara allt från att sälja något på Blocket till att köpa den senaste bilmodellen eller veckans matkasse. Yrkesmässigt är det mer självklart. Att vara anställd inom vården på ett äldreboende i en kommun är inte kapitalism. Sådana aktiviteter är behovsstyrda och finansieringen sker genom medborgarnas beskattning. Varför skulle nu du och jag och i stort sett alla människor på planeten vara ett problem utifrån att vi är kapitalister? Jag ser det som en slags dopning som är starkt beroendeframkallande. Inom -ismen finns en stark drivkraft att lagom vill ha mer och mer vill ha mycket. Inbyggt genom att en ständig ekonomisk expansion måste ske för att kapitalismen ska överleva. Det har de flesta levt gott på under det senaste halvseklet. Många har eller är igång med att skapa ett bättre liv och detta till stor utsträckning i ekonomiska termer. Kurvan går ständigt uppåt, inget man vill mista. Bara känslan av att förlora något i en förändring för klimatets skull ger en ovilja. Det kan vara så banalt som förbudet mot plastsugrör men även mer existentiella frågor för en modern kapitalist som att flyga till Thailand för en veckas semester. Alla dessa små styng på våra smått uppblåsta egon gör att vi ler så vackert när vi till exempel sopsorterar. Ett falskt leende som döljer den motvilja vi har för förändringar som berör oss som individer. Jag kan omöjligt tala för alla individer men jag är nog själv rätt vardaglig och då har jag väldigt svårt att se mig själv och även andra ha den starka vilja som krävs. En vilja att älska förändring för det är det enda som kan förändra nuvarande situation. Politiker och makthavare vet allt om hur vi tänker. De är inte beredda att gå i spetsen för förändring, det är inte vi i heller som består av 8 miljarder enskilda individualister. Där står vi och kommer fortsatt att stå.

Tid

Exakt det vi inte har r tid. All förändring behöver tid. Om vi ska göra skillnad på 30 år är det normalt sett ett görbart mål om det handlar om att bygga upp en infrastruktur i en region eller land. Vi klarar även av att genomföra reformer som allmän skola, sjukvård eller ett försvar. Dessa exempel baseras på att strukturerna vi har runt om oss är detsamma. Om vi då även ska byta strukturer som energitillförseln börjar det bli lite knepigare. Om det tagit närmare 100 år att skapa nuvarande energistrukturer kring utvinning, transporter och produktion är 30 år bara en bråkdel i sammanhanget. Vissa länder och regioner ligger bättre till. Ofta på grund av lokala förutsättningar eller tur. Sammantaget är det miljarder människor som först nu fått de strukturer som vi haft i ett halvt sekel. De är varken intresserade eller har ekonomiska resurser att redan byta. Det är lätt att ta beslut på ett COP-möte eller att fastställa ett avtal som Parisavtalet 2015. Det är för mig osannolikt att åtgärderna kan genomföras inom en vettig tidsram klimatmässigt. Det vet säkert alla beslutsfattare men de har ett skapligt gott samvete för beslut har ju tagits. Det har du och jag också på sätt och vis för vi är ju glada att andra tar besluten och ännu gladare att de inte påverkar oss. Tyvärr kommer det inte påverka den annalkande klimatkollapsen i heller.

Kan vi?

Vad kan vi som individer, medborgare, beslutsfattare lyckas med när vi inte är intresserade. Inte intresserade av att rätta till de misstag vi gjorde för ett sekel sedan. Genom självbedrägeriet att utnyttja energi som aldrig skulle komma upp i dagsljus igen. Gjort är gjort och vi har levt gott det här seklet. Planetens befolkning har aldrig tidigare haft det så bra i världshistorien. En medelklassmänniska i västvärlden har det bättre på de flesta sätt än dåtidens furstar och kungar. Koncentration av energi skapad från flora och fauna som pressats samman under miljoner år är grunden till vårt moderna liv. Vi öppnade ”Pandoras ask” men klarar inte av att stänga den. Där har vi vårt öde. Bättre än så kan vi inte!

En summering vid vägs ände

Tre huvudfåror har jag försökt hålla mig kring för att försöka få både ett personligt men även objektivt synsätt på vår tids största fråga, klimat- och miljökrisen. Jag har gått igenom hur vi funnit ”guds gåva” i den fossila energin, andra energiformer och vad den fossila energin gjort och gör med vår miljö och vårt klimat. Jag har även gått igenom hur vår planets flora och fauna mår och vad vi människor ”lyckats” med under en väldigt kort tidsrymd, lyckats med att störa och förstöra men misslyckats med att ta hand om vårt ursprung som naturen och miljön är. Det ena skeendet är beroende av det andra och vår tillgång till billig energi har fördärvat vår planets ekosystem. Hur förstört det redan är har jag tagit er igenom, både på land, i haven och i luften. Den tredje delen har jag ägnat extra mycket kring och det är vi själva som människor. Det hade inte funnits en miljö- och klimatkris om vi inte funnits. Vi är helt och hållet orsaken till den. En genomgång av våra beteenden och vårt sätt att vara och tänka ger mer styrka till det boken började med. Titeln!

Godnatt Jord!

Varje skeende har en start och ett slut. Min berättelse började för så kort tidsrymd som för 50 år sedan. Det vi vet är detsamma som vi ser. Det saknas ingen kunskap för att vi ska begripa det vi åstadkommit och ställt till med under det senaste halvseklet. Det är snarare att vi först nu förstår den fulla vidden av de senaste decenniernas resa. En resa som kommer fortsätta långt in i framtiden men mycket sannolikt en annan resa än vi hoppats på. Vi kommer inte gå under den närmsta tiden om någonsin helt och hållet. Planeten kommer inte gå under i heller. Det vi kommer se är en förändrad planet och nya förutsättningar som gör att vår storhetstid är över. Storhetstiden är jag övertygad om redan är nådd. Resan framöver kommer inte vara det självspelande piano som vi i min generation upplevt. En väg där det mesta blivit bättre och varje ny generation fått det bättre än tidigare generation. Vi ser det fortfarande på de flesta håll runt om i världen. Miljarder människor har tagit sig ut från fattigdom mot ett medelklassliv. Det liv som vi i västvärlden verkar ha uppfunnit. Alla verkar vilja kopiera just den formen av levnadssätt som gör att det inte uppstår några alternativ. Hade det skett hade vi kanske haft exempel på hur vi kan ta oss ur det självförstörande levnadssätt som genomsyrar oss alla. Hämskon till förändring är vi, exakt samma vi som skapat all förändring från ursprunget i savannens människoapor till dagens högteknologiska och energikrävande värld. Det jag nu vill måla upp är min bild av en framtid där vi har redskapen för en förändring men utan rätt ”mindset” för att genomföra den. Jag ser inte ens att vi verkligen kommer försöka ta oss vidare och förbi utan låter det ske det som kommer ske.

Del 1, Valet av energi

Invasionen i Ukraina som blev en skrämmande påminnelse om att den historiskt blodigaste världsdelen är Europa, ger oss en bild på hur energibrist kan sabotera moderna samhällen. Vi är helt låsta till nuvarande energikällor och även vaknat upp till att nya, som sol och vind har stora brister som kontinuerlig leverans 24/7. Det är i stort sett bara odemokratiska länder som har de stora fyndigheterna av fossil energi. Det tillsammans med en mer konfliktökande värld ger ingen bra fortsättning på varken den ena eller andra vägen, fortsatt fossil energi eller fossilfri. Det säkraste kortet i en komplex och oförutsägbar värld är att satsa på det etablerade. Konflikterna kommer att öka på grund av klimatförändringarna. Missväxt, brist på vatten eller översvämningar skapar flyktingströmmar och därmed konfliktzoner, lokalt eller mellan nationer. Då har inte en värld styrd av kortsiktighet viljan att ändra säkra kort som energianvändning från olja, kol och gas. Här vinner ingen miljörörelse argumentationen utan makten för tillfället. Har ingen betydelse om det är det präktiga Sverige eller vår handelsbod, Kina! Vi kommer inte sluta använda fossil energi förrän den är slut. I den framtiden kommer även satsningar på miljövänlig energi göras för att vi bli tvungna att klara den totala energiförsörjningen. Då kommer troligtvis förbrukningen av den fossila energin att minska efterhand men vi hade ju inte den utsträckta tiden på oss. Det är nu och inte igår det skulle ske och därmed är slaget förlorat. En fortsatt ökad global uppvärmning blir resultatet.

Del 2, En grön och blå planet eller svart

I stort sett all mänsklig aktivitet som tar hjälp av den billiga men klimatfördärvande fossila energin påverkar planeten negativt. Här tror jag fortfarande jag har mitt största uppvaknande. Innan såg jag inte jorden som ett så förstört klot som det är nu både på land i skog och mark som i haven. Vi miljarder människor tillsammans med miljarder tamdjur har påverkat i stort sett alla landytor som är beboeliga. Haven har vi snart fiskat ut helt och hållet och använder dem även som kloak. Här vet vi inte ens tillräckligt för att ens kunna mäta hur mycket som är förstört och som egentligen fanns från början. Även om vi går över till klimatvänlig energi förändrar detta ingenting för flora, fauna och hav. Allt är redan förstört till så stor del att det enda vi kan göra är att skapa minnen av det som var. Minnen i djurparker och reservat. Det är den framtid vi har framför oss och den är till stor del redan här.

Del 3, En planet med eller utan oss

För himlakroppen jorden har det ingen betydelse om vi finns eller ej. Den består tills den äts upp av en svällande sol. En slags universums cirkel av liv. Däremellan kan allt liv som kan anpassa sig klara sig på planeten. Det är för oss som inte har en religion att stödja sig på, en ren slump att människan finns. Det är kanske både en slump och en parentes. Det hänger på hur vi klarar de framtida utmaningarna och farorna. De värsta farorna har vi själva skapat. Vi har både utmaningen att rätta till våra misstag som håller på att förgöra oss. Dessutom ska vi klara av att hantera oss själva som en ofullkomlig skapelse. Hur det kommer att gå skrivs i historieböckerna. Det jag kan se och lyft upp i boken är att chansen är väldigt liten att vi lyckas med det vi föresatt oss. Vi är vår egen största fiende. Det innebär inte att vi inte kommer ha en historia att berätta även i framtiden. Den kommer bara vara annorlunda mot vad som skrivs nu. Nuvarande moderna civilisation har ett bäst före datum som jag är övertygad att vi nått nu. Precis som andra civilisationer som funnits som Mayaindianernas som uppstod, gjorde avtryck och försvann men människorna i sig gick vidare. Det kommer ske även framöver men vägen dit kommer bli väldigt obehaglig med permanenta klimatförändringar, matbrist och konflikter och krig. Synd att vi då på grund av våra mänskliga brister behöver ta den vägen. Men det är en av delarna i att vara just människa och det är på sätt och vis tröstrikt att veta vilka vi är. Då ligger inte ansvaret på dig och mig utan på oss alla!

Ett antal av alla utmaningar

Utmaningar har alltid funnits men de senaste decennierna verkar de hopa sig. Av de tre huvudämnena i boken; människan, miljön och klimatet sammanfattar jag en del av det jag gått igenom. Ordningen är inte utefter någon värdering utan antingen utmaningar i att vi är människor eller stor påverkan på miljö/klimat som vi bör upphöra med. Detta om vi skall ha en planet med både miljö och klimat i balans samt en modern civilisation kvar.

Människan

- ✓ Antalet konflikter och krig ökar i världen.
- ✓ Världsbefolkningen för stor i förhållande vad natur och klimat klarar av.
- ✓ Antalet demokratiska länder minskat radikalt och är på samma nivå som under kalla kriget.
- ✓ Maktbalansen i världen förskjuts gradvis mot odemokratiska länder.
- ✓ Demokratiska ledare prioriterar omval istället för att agera mot miljö- och klimatkrisen.

- ✓ Globalismen tillsammans med kapitalismen styr världen mer än världssamfunden.
- ✓ Ytterst få länder är självförsörjande och kan därmed inte ta sig ur det fossila systemet.
- ✓ Samhällena alltmer komplicerade och svårstyrda vilket hämmar möjligheterna till snabb förändring.
- ✓ Den moderna människan har aldrig upplevt stora förändringar i sitt levnadssätt.
- ✓ Informationsflödet stöttar människors tyckande istället för fakta och vetenskap.
- ✓ Forskning, vetenskap och fakta likställs allt oftare med enskilda personers uppfattningar.
- ✓ Vid kriser kan allt fler vända sig till religionen istället för att agera.
- ✓ Vi vänder oss hellre till möjliga lösningar i framtiden än vad som finns för dagen.
- ✓ En stor andel (25 %) av befolkningen inte beredda göra något för att lindra klimatkrisen.
- ✓ Starka krafter inom fossilindustrin påverkar debatt och beslut i stor utsträckning.
- ✓ Världsbefolkningen klarar inte gå tillbaka till självförsörjande bondesamhällen.

- ✓ Våra hjärnor klarar bara av hot som gäller nu och inte det som gäller årtionden eller generationer framöver.
- ✓ Vi har lättare för att se det viktiga nära oss än i ett land eller för hela planeten.
- ✓ Vi klarar inte av att koppla ihop människors lidande med ett odefinierat hot som klimatet.

Miljö

- ✓ 90 % av allt skräp som flyter på havets yta är plast och mikroplast.
- ✓ 69 % av alla ryggradsdjur har försvunnit från planeten sedan 70- talet.
- ✓ Kring hälften av växterna och djuren i de mest artrika områdena riskerar att försvinna fram till år 2100.
- ✓ Hälften av världens ursprungliga skogar är redan borta.
- ✓ Havens försurning påverkar havens ekologi allt mer.
- ✓ Korallreven håller på att dö ut i de flesta haven.
- ✓ Antalet döda havsbottnar ökar ständigt kring världens kuster.

- ✓ Havens uppvärmning fördubblats på 30 år.
- ✓ Utrotningen är nära för många arter i haven som haj, tonfisk, delfiner.
- ✓ Människan och tamdjuren en mycket större andel än alla vilda ryggradsdjur.
- ✓ Insekter och andra ryggradslösa djur minskar radikalt i population.
- ✓ Sjöar och vattendrag kommer minska eller helt försvinna på grund av konstbevattning och ökat behov i megastäderna.

Klimatet

- ✓ Vi når 1,5 graders ökad medeltemperatur redan kring år 2030!
- ✓ Nuvarande klimataktiviteter av världens länder innebär ingen minskning av växthusgaser.
- ✓ Genomförs kraftfulla åtgärder kommer medeltemperaturen ändå inte sjunka på många årtionden.
- ✓ Havsnivåhöjningarna kommer fortsätta och troligtvis öka.

- ✓ Världens glaciärer försvinner i en mycket hög takt och påverkar vattenförsörjningen för miljoner människor.
- ✓ Högre medeltemperatur ger problem med odling av livsmedel i utsatta områden.
- ✓ Väderförändringar på grund av klimatet utsätter oss människor för större utmaningar.
- ✓ Högre medeltemperatur riskerar skapa stora klimatpåverkande metanutsläpp i områden med permafrost.
- ✓ Bristen på sötvatten kommer öka på grund av klimatförändringarna.
- ✓ Havsströmmar som golfströmmen kan minska eller upphöra.

Det går finna många fler utmaningar än ovanstående uppräknade som vi bör ta tag i. För min del räcker det om flertalet av dessa kunde lösas. Tyvärr lär jag inte få uppleva resultatet men det är väl en av de märkliga känslor man kan få när man blickar förbi ens eget liv.

Epilog

”Man ska inte gråta över spilld mjölk” som min mor använde som uttryck. Ska vi gråta över var vi nu står som mänsklighet och inte är beredda att rätta till våra misstag i tid? Ja, kanske för likväl som vi lyckats ta oss hit till ett vägskäl har vi möjlighet att välja väg. Vi kan vara lyckliga att det ens finns ett vägskäl för då finns det mer än en väg att välja. Det jag beskrivit i boken är både vår väg till vägskälet som våra möjligheter att välja rätt väg. Det jag kan se är att vi faktiskt kan välja en väg som är bättre än den vi just nu vandrar på. Det som hindrar oss är inte sådant som vi oftast nämner som teknik, ekonomi eller andra resurser. Det är vi själva som människor som väljer den raka vägen. Just den vägen vi inte skulle fortsätta på! Den raka vägen är en illusion för den är endast rak ty vi vill inte välja vänster eller höger. Men den går från en topp rätt ner mot en djup dal. En resa nedför i en hastighet som vi inte kan bromsa in förrän vi är djupt nere i en annan värld. En annorlunda värld som sätter vår nuvarande civilisation i gungning. När vi når botten och hur lång tid det tar är det nog ingen som ens kan gissa. Det jag vet är att har vi kanat utför är det troligen försent att svänga höger eller vänster. Gör vi det kommer vi ändå att hamna långt ner i botten. En botten där vi får se våra framgångar under tidigare decennier och sekel sakta raderas ut. Hastigheten är för dig och mig säkert långsam men så mäter man inte historiens händelser. Förändringar historiskt räknar vi i generationer. Därför är vi som lever nu skyddade från de värsta förändringarna men är vi då även oskyldiga? Det får var och en svara på men varje individ är bara en bricka i ett pussel på miljarder individer. Är det lönt att bry sig då... På ett personligt plan blir det från min sida ett JA! Jag bryr mig för annars hade jag aldrig skrivit denna bok. Det jag inte vill och aldrig kräver är din uppfattning. Den får du stå själv för men har du tagit dig så långt som till epilogen för boken tror jag att du gör. Det sorgliga är att ingen nu levande som har möjligheten att påverka får uppleva slutresultatet. Vi får jämföra med till exempel bygget av pyramiderna där en start på en process till resultatet många år senare gått över generationsgränserna. Det tålamodet har de flesta inte och vilken motivation krävs för att engagera sig i något du själv inte får se resultatet av? Det skulle i så fall vara vår genetiskt nedärvda instinkt att överleva till vilket pris som helst. Att tänka mer på kommande generationer än på sig själv. Det är den ljusning jag kan se i en annars mycket mörk framtid!

Bokreferenser och inspiration

- Al Gore – En obekväm sanning
- David Jonstad – Kollaps, livet vid civilisationens slut
- Tim Jackson – Välfärd utan tillväxt (så skapar vi ett hållbart samhälle)
- Bill Bryson – En kortfattad historik över nästan allting
- Andreas Malm – Det är vår bestämda uppfattning att om ingenting görs kommer det att vara försent
- Jonathan Jeppsson – Åtta steg mot avgrunden (vårt framtida liv på planeten)
- Daniel Lindvall, Kjell Vowles, Martin Hultman – Upphettning (demokratin i klimatkrisens tid)
- Bill Gates – Så undviker vi klimatkatastrofen (Lösningarna vi har och genombrotten vi behöver)
- J.R. McNeill – Någonting är nytt under solen (nittonhundratalets miljöhistoria)
- Michael Shellenberger – Inställd apokalyps (därför skadar miljöalarmismen oss alla)
- David Wallace-Wells – Den obeboeliga planeten (livet efter uppvärmningen)

- Johan Rockström - Omställningen till en hållbar utveckling
- Tony Juniper - Vad händer med vår planet? (Allt du behöver veta för att förstå vår tids ödesfråga)
- Naomi Klein - I lågor (Ett brandtal till världen för en Green New Deal)
- Roy Scranton - Att lära sig dö i Antropocen (Reflektioner över en civilisations slut)
- Erika Bjerström - Klimatkrisens Sverige (Så förändras vårt land från norr till söder)
- Illustrerat Uppslagsverk - Havet (Havet, djur, växter) Globe Förlaget